Geocaching III

Copyright Conrad Stein Verlag GmbH.
Alle Rechte vorbehalten.

Der Nachdruck, die Übersetzung, die Entnahme von Abbildungen, Karten, Symbolen, die Wiedergabe auf fotomechanischem Wege (z.B. Fotokopie) sowie die Verwertung auf elektronischen Datenträgern, die Einspeicherung in Medien wie Internet (auch auszugsweise) sind ohne vorherige schriftliche Genehmigung des Verlages unzulässig und strafbar.
Alle Informationen, schriftlich und zeichnerisch, wurden nach bestem Wissen zusammengestellt und überprüft.
Sie waren korrekt zum Zeitpunkt der Recherche.
Eine Garantie für den Inhalt, z.B. die immerwährende Richtigkeit von Preisen, Adressen, Telefon- und Faxnummern sowie Internetadressen, Zeit- und sonstigen Angaben, kann naturgemäß von Verlag und Autor - auch im Sinne der Produkthaftung - nicht übernommen werden.

Der Autor und der Verlag sind für Lesertipps und Verbesserungen (besonders per E-Mail) unter Angabe der Auflagen- und Seitennummer dankbar.

Dieses OutdoorHandbuch hat 128 Seiten mit 76 farbigen Illustrationen. Es wurde auf chlorfrei gebleichtem Papier gedruckt, in Deutschland klimaneutral hergestellt und transportiert und wegen der größeren Strapazierfähigkeit mit PUR-Kleber gebunden.

Dieses Buch ist im Buchhandel und in Outdoor-Läden erhältlich und kann im Internet oder direkt beim Verlag bestellt werden.

OutdoorHandbuch aus der Reihe „Basiswissen für draußen", Band 374

ISBN 978-3-86686-494-8   1. Auflage 2016
© Basiswissen für draussen, Der Weg ist das Ziel und FernwehSchmöker sind urheberrechtlich geschützte Reihennamen für Bücher des Conrad Stein Verlags

Dieses OutdoorHandbuch wurde konzipiert und redaktionell erstellt vom Conrad Stein Verlag GmbH, Kiefernstraße 6, 59514 Welver,
☏ 023 84/96 39 12, FAX 023 84/96 39 13,
✉ info@conrad-stein-verlag.de, 🖥 www.conrad-stein-verlag.de

🅕 Werden Sie unser Fan: 🖥 www.facebook.com/outdoorverlage

Text: Markus Gründel & Melanie Lipka
Illustrationen: Melanie Lipka
Lektorat: Kerstin Becker
Layout: Manuela Dastig

Gesamtherstellung: Werbedruck GmbH, Horst Schreckhase

Wir machen Bücher für

**Abenteurer Geocacher Trekker
Wanderer Radfahrer Pilger
Kanufahrer Kreuzfahrer Camper
Globetrotter Schnee-Begeisterte
Träumer Entdeckungsreisende
Fremdsprecher Naturverbundene
Wohnmobilfahrer Genießer**

kurzum ... für Aktive

die OUTDOOR Verlag

Inhalt

Grundlegendes — 11

Allgemeines — 12
Die verschiedenen Organisationen — 18
- Geocaching.com bzw. Groundspeak Inc. — 19
- Opencaching.de — 19
- Navicache.com — 20

Caches — 20
- Die verschiedenen Typen nach Groundspeak Inc. — 20
- Besondere Cachetypen — 25
- Cachetypen, die nicht mehr versteckt werden können — 26
- Benchmarks — 29
- Die verschiedenen Typen nach Opencaching.de — 29
- Caches, die kein eigenes Icon besitzen — 31
- Die verschiedenen Größen — 34
- Die verschiedenen Schwierigkeitsgrade — 35
- Loggen von Caches — 38

Der Travel Bug — 42
Die Geocoin — 42
Der Jeep 4x4 — 44
Geotoken — 48
Wood Geocoin — 49
Souvenirs — 48

Ausrüstung — 51

Die Ausrüstung des Geocachers — 52
Die Grundausstattung — 56
Die erweiterte Grundausstattung — 58
Winter — 64
Cachereparatur und Wartung — 64

Geocaching in der Praxis — 66
Das Internet — 67
Umgang mit dem Spartphone und GPS — 68
Suchen eines Geocaches — 74
Verstecken eines Geocaches — 86
Geocaching in der Gruppe — 92
Natur & Umwelt — 94
Gefahren — 96
GC-Slang — 100

Anhang — 109
Ver-/Entschlüsselungen — 110
Quick-Links — 124

Index — 126

Besuchen Sie uns doch einmal auf unserer Homepage.

Dort finden Sie …

… aktuelle Updates zu diesem OutdoorHandbuch und zu unseren anderen Reise- und OutdoorHandbüchern,

… Zitate aus Leserbriefen und Pressestimmen,

… Kritik aus der Presse,

… interessante Links,

… unser komplettes und aktuelles Verlagsprogramm, auch zum Download & viele interessante Sonderangebote für Schnäppchenjäger.

www.conrad-stein-verlag.de

Deutsche Wanderjugend

Auf Schatzsuche draußen unterwegs

Mit dieser Ausgabe halten Sie ein informatives Nachschlagewerk zum Thema Geocaching in den Händen. Schätze suchen, spannende Abenteuer erleben, wer hat als Kind oder Jugendliche/r nicht selbst Spaß daran gehabt? Draußen unterwegs zu sein kann so faszinierend sein. Es gilt, diese Reize aufs Neue zu entdecken. Spannende Themenwanderungen für Kinder (z. B. „Auf den Spuren von Harry Potter") oder eine mehrtägige Erlebnistour von Jugendlichen bleiben als positive Erinnerung fest verwurzelt.

Wandern ist vielfältig. Gerade Kinder nehmen Wandern deutlich anders wahr, als es beispielsweise Erwachsene tun. Kurzweilig geplante Erlebnistouren machen Kindern sehr viel Spaß, vorausgesetzt die Erwachsenen lassen sich auf die Erlebniswelt der Kinder ein und berücksichtigen dies entsprechend.

Kinder und Jugendliche bewegen sich viel und gern - sofern man ihnen den entsprechenden Freiraum lässt und passende Angebote bietet.

Der Freizeittrend Geocaching bietet neben den o.g. Möglichkeiten eine interessante und kurzweilige Alternative zum „klassischen Sonntagnachmittagsspaziergang".

Kinder entdecken dabei ganz spielerisch den attraktiven „Naturraum" für sich. Altersgerecht ausgewählte Geocaching-Touren bieten Spaß und vermitteln ganz nebenbei Wissen (z. B. aus den Rätseln der Geocaches) und Kompetenzen (Umgang mit Karte und Kompass, Natur- und Umweltschutz u. v. m.).

Jugendliche können zusammen mit ihrer Clique eigenverantwortliches Planen und Handeln erlernen, sich die notwendigen (Sozial-) Kompetenzen aneignen und dabei viel Spaß haben.

Grundlagen erlernen Kinder und Jugendliche nicht allein in der Schule, sondern beispielsweise auch in Kinder- und Jugendgruppen. Engagierte, ehrenamtliche Gruppenleiter/innen verwenden einen großen Teil ihrer Freizeit darauf, im Rahmen der außerschulischen Jugendbildung regionale Angebote zu entwickeln und bereitzuhalten (Gruppenstunden, Zeltlager, Spiele, Wettbewerbe …).

Außerschulische Jugendbildung bedeutet zudem eine Vermittlung sozialer Kompetenzen (Toleranz, Rücksichtnahme, Verantwortungsgefühl, Teamfähigkeit, Selbstdisziplin uvm.).

Die *Deutsche Wanderjugend (DWJ)* bietet als outdoororientierte Jugendorganisation bundesweit ein vielfältiges Angebot. In den Ortsgruppen der derzeit 58 Wandervereine unseres Dachverbandes sind gegenwärtig ca. 100.000 Kinder und Jugendliche organisiert. Das Spektrum der Aktivitäten ist vielfältig und reicht von wöchentlichen Gruppenstunden bis zu Internationalen Jugendbegegnungen. Schwerpunkte liegen im Bereich des „Jungen Wanderns". Aber auch Klettern, Naturschutz, Sport, Spiel und Tanz sowie die Heimat- und Brauchtumspflege gehören dazu.

Viele weitere Informationen sowie praktische Tipps und Hinweise zum Thema Wandern mit Kindern und Jugendlichen können auf den Internetseiten der *Deutschen Wanderjugend*, seinen Landesverbänden und Mitgliedsvereinen abgerufen werden.

Auf 🖳 www.wanderjugend.de finden Sie beispielsweise Informationen über Barfußwandern, Wandern mit Tieren (Lama, Esel …), Schneeschuhwandern, Urlaubstrekking und vieles mehr.

Wir wünschen Ihnen viel Freude am Geocaching und beim „Draußen unterwegs" sein.

Ihre
Silvia Röll
Bundesvorsitzende
Deutsche Wanderjugend

🖳 www.wanderjugend.de, www.outdoor-kids.de, www.jugend-wandert.de

Danksagung

Besonderer Dank geht an dieser Stelle an unsere Cacher-Partner, Muggle-Familien und den Mietzekater für ihre Geduld und Unterstützung, sowie Ronni, Benni und Mario für das Motivieren mit ihrer guten Laune!

Ebenso große Hilfen bei diesem Werk waren Petra Ponndorf und Anja Manke mit je einem Teil der Grafiken im Anhang, TravelingViking, ilsebilse, Pom und nightrider - ohne sie wäre dieses Buch nicht zu dem geworden, was es jetzt ist.

Auch danken wir allen Cachern, die uns mit ihrem Feedback zu den Büchern Geocaching I und II zu diesem Werk inspiriert haben. Ebenfalls bedanken wir uns an dieser Stelle bei Bryan Roth von Groundspeak Inc. für die Erlaubnis, deren Logo und Icons auch in diesem Buch nutzen zu dürfen, sowie Annie und Annika für den hervorragenden Support (The Geocaching, Travel Bug, Wherigo and Cache In Trash Out logos are registered trademarks of Groundspeak Inc., DBA Geocaching. The cache icons and screen shots of Geocaching.com are copyright Geocaching. Used with permission. All rights reserved.).

Ebenso dürfen wir die Logos und Icons von Opencaching.de nutzen, was wir Jörg Bertram und Michael Vaahsen zu verdanken haben.

Allgemeines

Ein beliebter Spruch in Geocacherkreisen lautet: „Wir spielen mit milliardenschwerer Technik des US-Militärs, und was macht ihr so bei euren Hobbys?" In diesem Sinne möchten wir dieses interessante Hobby hier näher beleuchten!

Was ist Geocaching

Kurz gesagt handelt es sich beim Geocaching um die moderne Art der Schnitzeljagd, die in Anlehnung an das Internet gern auch als Schnitzeljagd 2.0 bezeichnet wird.

Das Wort Geocaching selbst ist eine Kombination der Worte Geo, griechisch für Erde, und Cache, was im Englischen für geheimes Lager, also Versteck steht. Bereits *Karl May* hat den Begriff in seinen Amerika-Erzählungen verwendet! Auch im Computerbereich wird der Begriff Cache verwendet, hier wird ein Teil des Speichers so bezeichnet - soweit zur grauen Theorie der Wortschöpfung.

Wie funktioniert es nun?

Wie bei der altehrwürdigen Schnitzeljagd versteckt jemand (der Owner, Eigentümer) einen sogenannten Geocache, meist eine wasserdichte Dose mit einem Logbuch und einigen Tauschgegenständen. Dann ermittelt er mit GPS/Smartphone die exakten Koordinaten und stellt diese auf den einschlägigen Webseiten ins Internet. Und schon kann es losgehen!

Ausgestattet mit den Koordinaten des Schatzes und einem GPS-Empfänger geht es auf die Jagd!

Ist der Cache erst einmal gefunden, trägt sich der Finder im Logbuch des Caches ein. Weiter hat er die Möglichkeit, etwas aus dem Cache zu tauschen. Meist handelt es sich bei den Tauschgegenständen, auch Goodies genannt, um Werbepräsente oder Spielzeuge aus Ü-Eiern o. Ä., nichts von großem Wert. Wieder daheim oder mittels Smartphone nebst entsprechender App wird der Fund im Internet auf den entsprechenden Geocaching-Plattformen eingetragen (geloggt). Hier gibt man dann an, ob und was getauscht wurde, und kann einen persönlichen Kommentar hinterlassen, wie einem der Cache gefallen hat.

Warum ist Geocaching so erfolgreich

Wer im Alltag keine Abenteuer erlebt, der macht sich welche, oder besser, lässt sie sich machen …

Dank der Größe der Community mit so vielen kreativen Köpfen ist für jeden etwas dabei und es gibt immer etwas Neues zu erleben, zu treffen oder zu finden!

Das Erfolgsrezept des Geocachings ist eben seine Vielfalt, die Kreativität mit der die einzelnen Caches versteckt werden.

Und es ist ein Hobby für jedermann, egal ob jung oder alt, ob sportlich ambitioniert oder nicht. Für jeden und jegliche Vorlieben ist etwas dabei!

Es gibt die verschiedensten Anforderungen. Angefangen beim Lösen von Rätseln jeglicher Art über die verschiedensten sportlichen Disziplinen bis zum Klettern oder Gerätetauchen.

Aber auch - oder gerade – ist Geocaching eine tolle Abwechslung auf der Sonntagswanderung mit den Eltern oder dem Verein. Gibt es nun endlich ein Ziel, das die Teilnehmer motiviert! Und oft führt der Weg zu Orten, die man selbst so nie entdeckt hätte, nicht selten in heimatlichen Gefilden, wo man meint, sich bestens auszukennen!

Wie ist Geocaching entstanden - Historie

Wie so vieles kommt auch das Geocaching aus den USA.

02.05.2000 Abschaltung der künstlichen Verfälschung (Selective Availability, S/A) des GPS (Global Positioning System). Dieser Schritt kam für viele überraschend und wurde erst einen Tag zuvor angekündigt.

03.05.2000 *Dave Ulmer* wollte die neu gewonnene Genauigkeit der Positionsangaben testen. Er vergrub einen schwarzen Eimer mit Tauschgegenständen und einem Logbuch nebst Stift in den Wäldern südöstlich von Portland. Er nannte das ganze „Great American GPS Stash Hunt" - wörtlich „Große amerikanische Lagerjagd" - und stellte die einfache Regel auf: „Wer etwas aus dem Versteck nimmt, muss auch wieder etwas hineinlegen", die auch heute noch Bestand hat! Er speicherte die Position des Verstecks in seinem GPS und veröffentlichte diese in der Newsgroup *sci.geo.satellite-nav*. In den nächsten drei Tagen lasen verschiedene User den Thread mit den Koordinaten N 45° 17.460 W 122° 24.800 (bei GC unter GCGV0P, GC92 und

GCF) in der Newsgroup und machten sich mit ihrem GPS auf, diese Position zu besuchen. Die Idee fand unter den Newsgroup-Lesern großen Anklang und so versteckten auch andere Leser Behälter und veröffentlichten die Koordinaten im Internet.

Während des ersten Monats sammelte *Mike Teague,* der erste Finder von *Ulmers* Eimer, diese Koordinaten aus der ganzen Welt und stellte sie auf seiner privaten Homepage online.

Hier wurde dann auch über einen geeigneteren Namen als „Stash Hunt" diskutiert, da das Wort „Stash" (Lager) negativ interpretiert werden kann. Das Wort „Geocaching" wurde als Erstes von *Matt Stum* in der Mailingliste *GPS Stash Hunt* benutzt, der damit den prägenden Namen für den neuen Sport schuf.

Juli 2000 *Jeremy Irish* stolperte auf der Suche nach Informationen zu GPS über die Homepage von *Mike Teagues*. Die Kombination aus Outdooraktivität und Hightech ließ ihn nicht mehr los und so kaufte er sich ein GPS und zog aus zur Jagd. Nach ersten Erfahrungen auf der Suche nach Caches entschloss er sich, eine Homepage für sein neues Hobby zu erstellen. Er übernahm den Begriff Geocaching und schuf die Seite 💻 www.geocaching.com.

02.09.2000 💻 www.geocaching.com ging mit weltweit 75 Caches online.

2008 Bis jetzt war Geocaching ein recht „konspiratives" Hobby, was nur von wenigen „Eingeweihten" ausgeübt wurde. Begriffe wie „elitär" findet man heute noch bei Recherchen.

März 2010 wurde die Marke von 1 Million aktiver Geocaches geknackt (ein konkreter Cache kann leider nicht mehr nachvollzogen werden, aber einer, der sehr dicht an dieser magischen Zahl gepublished wurde, ist GC23MCF).

26.02.2013 Mit GC46N4E wurde die Schwelle von 2 Millionen aktiven Geocaches überschritten.

- ♦ Größtenteils und in Englisch nachzulesen unter
    💻 www.geocaching.com/about/history.aspx

Funktion von GPS

Grundlage für das Geocaching ist das amerikanische GPS-System, was diesen Sport erst ermöglicht. An dieser Stelle sei die Funktionsweise des Global Positioning Systems ganz kurz erläutert.

Das NAVSTAR GPS (NAVigation Satellite Timing And Ranging Global Positioning System) wurde in den 70ern vom amerikanischen Militär initiiert. Mitte der 90er wurde es komplettiert.

Von zzt. 36 Satelliten sind immer 24 aktiv. Auf 6 Bahnen, die in einem Winkel von 55° zum Äquator und 60° zueinander stehen, kreisen je 4 aktive Satelliten in einer Höhe von 20.200 km um die Erde.

Kontrolliert werden die Satelliten von 5 Bodenstationen rund um den Globus. So können an jedem Punkt der Erde zu jeder Zeit 6 bis 12 Satelliten empfangen werden.

Was passiert nun?

Die Satelliten senden permanent ein Signal aus. Da die Positionen der Satelliten jederzeit genau bekannt sind, wird vom GPS-Empfänger eine Laufzeitmessung der Signale durchgeführt. Es wird also die Dauer des Signals von jedem empfangenen Satelliten zum Empfänger gemessen. Dadurch kann die genaue Entfernung zu dem jeweiligen Satelliten berechnet werden.

Wenn ihr weiterführende Information theoretischer Natur wünscht, empfehle ich die Lektüre der Bücher *Karte Kompass GPS*, OutdoorHandbuch Band 4, von *Reinhard Kummer*, erschienen beim *Conrad Stein Verlag* und mein neuestes Werk *GPS Praxisorientierter Umgang mit GPS-Empfängern auf Tour und am PC*, OutdoorHandbuch Band 375, ebenfalls aus dem Conrad Stein Verlag - und vor allem den Besuch eines Workshops, die von Vereinen, Volkshochschulen sowie einigen Outdoor-Fachhändlern angeboten werden. Hier werden oft die vielfältigen individuellen Fragen beantwortet und der Umgang mit GPS und PC in Theorie und Praxis erprobt.

Die verschiedenen Organisationen

Um einen Geocache finden zu können, muss er erst mal veröffentlicht werden, wofür das Internet das ideale Medium darstellt. Im Folgenden werden die bekanntesten Plattformen kurz vorgestellt.

Geocaching.com bzw. Groundspeak Inc.

🖥 www.geocaching.com
🖥 www.groundspeak.com

Geocaching.com, auch GC genannt, ist die populärste und erste professionelle Organisation, die im September 2000 mit weltweit 75 Caches online ging. Heute sind hier über 2,7 Mio. aktive Geocaches aus der ganzen Welt eingetragen, davon allein 330.000 in Deutschland. Ihr könnt hier kostenlos einen Account einrichten, um eure Funde oder versteckten Caches zu veröffentlichen.

Dieser Seite sind auch das sogenannte ☞ *blaue Forum*, (🖥 forums.geocaching.com), der Blog (🖥 blog.geocaching.com), ein umfangreiches Wiki (🖥 wiki.groundspeak.com) und FAQs (🖥 support.groundspeak.com) sowie die meist zu großen Events für eine gewisse Zeit lösbaren ☞ Lab-Caches (🖥 labs.geocaching.com) angegliedert.

Opencaching.de

🖥 www.opencaching.de

Opencaching.de, kurz OC, ist eine nicht-kommerziell betriebene deutschsprachige Schatzversteckdatenbank aus einem weltweiten Netzwerk von derzeit neun nationalen Opencaching-Listingplattformen mit angegliedertem Blog (🖥 blog.opencaching.de), Forum (🖥 forum.opencaching.de) und einem umfangreichen Wiki (🖥 wiki.opencaching.de). *Opencaching.de* ist „historisch" mit der deutschsprachigen Informationsplattform 🖥 www.geocaching.de verbandelt.

Für den nicht englischsprachigen Anfänger lohnt hier der erste Einstieg. Ausführliche Erklärungen zum Geocaching sowie möglichen Gefahren und im Besonderen der Umweltschutz haben hier Platz gefunden.

Auf *Opencaching.de* bzw. OC sind über 30.000 aktive Caches gelistet und über 50.000 Cacher aktiv. Das Regelwerk von *Opencaching.de* ist in einigen Punkten gegenüber GC weniger streng. Auch gibt es hier andere Cachetypen, wie bewegliche Caches und virtuelle Caches, die bei GC nicht mehr versteckt werden dürfen. Seit Anfang 2009 werden die Benutzer auf ggf. vorhandene Schutzgebiete (z. B. Naturschutzgebiete, Naturparks u. v. m.) hingewiesen.

navicache
🖳 www.navicache.com

Ebenfalls eine große, überwiegend englischsprachige Plattform mit angegliederten Foren. Bei *navicache*, kurz NC, sind weltweit 8.000 (davon allein in Deutschland über 3.300) aktive Geocaches gelistet.

Caches

Um eine bessere Übersicht zu gewährleisten, wurden die Caches in verschiedene Typen, unterschiedliche Größen und Schwierigkeitsgrade unterteilt.

Die verschiedenen Typen nach Groundspeak Inc.

Es gibt augenblicklich bei GC 19 unterschiedliche Typen mit jeweils einem eigenen Icon, von denen einige, die sogenannten Grandfathered Cache Types, nur noch geloggt, aber nicht mehr versteckt werden können.

🖳 www.geocaching.com/about/cache_types.aspx

Der Traditional
Der Traditional ist der einfachste Cachetyp. An den im Internet veröffentlichten Koordinaten ist er auch versteckt. Er enthält mindestens ein Logbuch und je nach Größe auch Tauschgegenstände. Hierbei handelt es sich um den Urtyp, mit dem alles angefangen hat.

Der Multi-Cache

An den im Internet veröffentlichten Koordinaten beginnt der Multi-Cache und zieht sich über mehrere Stationen hin. Aus wie vielen Stationen ein Multi-Cache besteht und wie diese gestaltet sind, liegt in der Hand des Owners. Hier gilt: Aufmerksam die Beschreibung lesen, um vor „bösen Überraschungen" gefeit zu sein!

Der Mystery/Puzzle

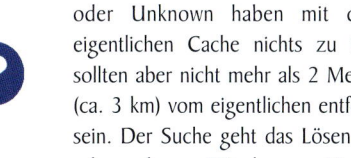

Die Koordinaten des Mystery, Puzzle oder Unknown haben mit dem eigentlichen Cache nichts zu tun, sollten aber nicht mehr als 2 Meilen (ca. 3 km) vom eigentlichen entfernt sein. Der Suche geht das Lösen ein oder mehrerer Rätsel voran. Vorgaben gibt es nur insofern, dass die zur Lösung des Rätsels benötigten Informationen frei zugänglich und durch die im Listing verfügbaren Informationen erkennbar sein müssen. Beispielsweise werden gern binäre, hexadezimale oder römische Zahlen, Farbcodes oder komplizierte Rechnungen genommen.

Der Wherigo

Hier werden virtuelle Elemente mit der Realität gemischt. Voraussetzung ist ein GPS mit einem integriertem Wherigo Player, ein Smartphone mit entsprechender App (offizielle *Wherigo*-App für *iPhone* oder *WhereYouGo* für *Android*) oder ein WindowsMobile-Gerät (für die es den Player zum Download unter 🖥 www.wherigo.com gibt), um die „cartridge", die es im Cachelisting zum Download gibt, abzuspielen. Alternativ gibt es *openWIG* für Java-fähige-

Geräte: 💻 code.google.com/p/openwig. Der Fantasie sind bei den Wherigos keine Grenzen gesetzt, von Stadtführungen bis Abenteuer-Rollenspielen ist alles möglich. ☞ Wherigo

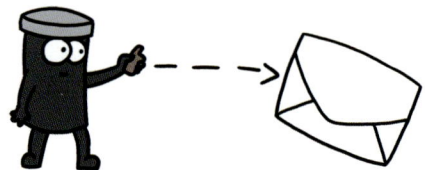

Die Letterbox Hybrid

Letterboxing ist eine weitere und ältere Variante der Schnitzeljagd. Entstanden ist es bereits vor ca. 160 Jahren in England. Mit der Hilfe von Mitteln der klassischen Navigation wie Himmelsrichtung, Gradzahl, Entfernungen und Schritten, aber auch Kompass, Karte oder Skizze ist die Letterbox ausfindig zu machen. Eine Letterbox enthält neben dem Logbuch einen eigenen Stempel. Einige sind auch unter
 💻 www.letterboxing-germany.info eingetragen.

Der Earthcache

Dieser Cachetyp macht auf einzigartige geologische Phänomene aufmerksam. Eine physische Dose ist hier nicht versteckt. Vielmehr gilt es, Fragen, die im Cache-Listing gestellt werden, zu dem entsprechenden geologischen Phänomen vor Ort zu recherchieren und via E-Mail an den Owner zu beantworten. Wer Spaß am Sammeln von Auszeichnungen hat, kann über die gefundenen Earthcaches je nach Anzahl, Ländern etc. zum Earthcache-Master in unterschiedlichen Graden aufsteigen.

Die konkreten Aufgabenstellungen und Informationen zu den einzelnen Earthcaches gibt es neben dem Listing unter
 💻 www.earthcache.org.

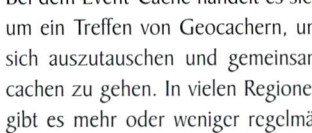

Der Event
Bei dem Event-Cache handelt es sich um ein Treffen von Geocachern, um sich auszutauschen und gemeinsam cachen zu gehen. In vielen Regionen gibt es mehr oder weniger regelmäßige Stammtische – eine Liste findet sich unter 💻 www.geocaching.com/calendar/. Ein Event sollte spätestens zwei Wochen und frühestens drei Monate im Voraus im Internet eingestellt werden und eine Mindestdauer von 30 Minuten haben.

Der Mega-Event
Hierbei handelt es sich ebenfalls um ein Treffen von Geocachern, allerdings in einer Dimension von mindestens 500 Teilnehmern! Der Mega-Status muss im Vorfeld beantragt werden, die Dauer sollte mindestens 4 Stunden betragen.

Der Giga-Event
Die Steigerung des Mega-Events findet nur selten statt. Hierfür müssen mindestens 5.000 ☞ Will-Attends vorliegen und entsprechend von *Groundspeak Inc.* freigegeben werden. Der weltweit erste Giga-Event fand am 16.8.2014 unter GC4K089 im Olympia-Stadion in München statt.

Der CITO-Event

CITO steht für „Cache In Trash Out", was wörtlich übersetzt „Cache hinein Müll hinaus" bedeutet, natürlich ist die Reihenfolge in der Praxis umgekehrt. Dieser Event wurde geschaffen, um Geocacher zum Einsammeln von Müll in Parks, an Stränden etc. zu motivieren.

Aber auch allerlei weitere Aktionen, die zum Schutz und Erhalt unserer Umwelt und damit unseres Spielfeldes dienen, sind denkbar. So hat es schon Aufforstaktionen, Führungen von entsprechenden Verbänden bis hin zu Renaturierungsmaßnahmen gegeben! Die Dauer ist hier auf mindestens eine Stunde angesetzt. Weitere Infos unter 🖥 www.cacheintrashout.org.

Besondere Cachetypen

Der Project A.P.E. Cache

Zum Kinostart der Neuverfilmung des *Planet der Affen* (A.P.E. steht für Alternative Primate Evolution) wurden 2001 14 Caches mit Original-Requisiten aus dem Film versteckt, wovon heute noch einer unter GCC67 in Brasilien zu finden ist.

Der Groundspeak Headquarters Cache

Wer in die USA reist, sollte das Groundspeak Headquarters in Seattle besuchen, hierfür gibt es ebenfalls ein eigenes Icon.

Groundspeak Block Party

Von 2011 bis 2015 fand einmal jährlich meist im August im Headquater von *Groundspeak Inc.* in Seattle die Block Party statt – natürlich mit einem eigenen Icon.

Das GPS Adventures Maze Exhibit

Dies ist eine Wanderausstellung (bisher in den USA, 2014 einmal in Prag (Tschechien) und 2015 zum Giga-Event in Mainz auch in Deutschland), in der für alle Altersklassen die Themen GPS und Geocaching mit verschiedensten, auch interaktiven Elementen erklärt werden.

Der Lab-Cache

Sie werden meist im Rahmen von Mega- und Giga-Events gelegt. Hierbei handelt es sich um Caches, wo eine Information ermittelt und zur Logfreigabe auf der gesonderten Homepage 💻 labs.geocaching.com eingegeben werden muss.

Cachetypen, die nicht mehr versteckt werden können

Diese sogenannten Grandfathered Caches können bei *Geocaching.com* nicht mehr versteckt, aber, mit Ausnahme des Locationless und 10-Jahres-Events, geloggt werden.

Der Virtual

Bei dem virtuellen Cache handelt es sich um einen dauerhaften existenten Punkt, an dem jedoch kein Cachebehälter versteckt werden kann. Der Cacher muss diesen Punkt aufsuchen, um anschließend dem Owner eine Frage zu diesem Punkt beantworten zu können und/oder ein Foto davon zu mailen. Erst dann gibt es eine Logerlaubnis.

Der Webcam

Hier wird eine bestehende Webkamera, die in der Regel durch Dritte angebracht wurde, benutzt. Der Cacher soll sich hier ins rechte „Bild" bringen und durch die Webkamera fotografieren lassen. Mit einem Smartphone kein Thema mehr, so die Netzabdeckung mitspielt …

Der Locationless

Locationless oder auch Reverse Virtual Caches waren Varianten der virtuellen Caches. Hier gab es keine festen Koordinaten, die aufgesucht werden mussten, sondern man suchte Objekte, die zu den Bedingungen des Listings passten.

Recht bekannt die gelbe Telefonzelle, der Löwe oder das Feuerwehrauto, um nur einige zu nennen. Hiervon wurde dann ein Foto gemacht und die Koordinaten, an denen sich das gesuchte Objekt befand, beim Log eingetragen. Alle Locationless Caches wurden im Januar 2006 auf 🖥 www.waymarking.com übertragen und sind auf 🖥 www.geocaching.com nicht mehr verfügbar.

Der 10 Years! Event Cache

Zum 10-jährigen Geburtstag des Hobbys Geocaching konnten vom 30.4. bis 3.5.2010 Geburtstags-Events veranstaltet werden, die ein spezielles Icon bekamen.

Benchmarks

Die Vermessungspunkte in den USA können mit einem eigenen Icon in einer eigenen Statistik geloggt werden. Ein wenig versteckt in der Fußnote unten rechts unter „Find a Benchmark" von 🖥 www.geocaching.com gelangt man auf die Suchmaske, wo die ID-Nr. des Benchmarks eingegeben werden muss.

Die verschiedenen Typen nach *Opencaching.de*

Unter 🖥 www.opencaching.de kennt man zzt. zehn verschiedene Arten von Caches, die ganz oder teilweise von denen im vorherigen Abschnitt abweichen. Aufgrund der Differenzierung der verschiedenen Typen ist es hier klarer, auf welche Art von Aufgaben man sich einlässt.

Normaler Cache
Die veröffentlichten Koordinaten geben die Position des Caches an, wie bei GCs Traditional.

Drive-In
Wie ein normaler Cache, jedoch ist in unmittelbarer Nähe ein Parkplatz und es ist keine spezielle Ausrüstung zum Bergen erforderlich.

Multicache
Die angegebene Position ist der Start des Caches, der sich über verschiedene Stationen erstreckt. Die Anzahl ist nicht festgelegt. Die Aufgaben, die es ggf. zu lösen gilt, dürfen keine besondere Ausrüstung sowie Fachwissen erfordern.

Rätselcache

Hierbei kann es sich um einen normalen, virtuellen oder Multicache handeln. Allerdings benötigt die Lösung des oder der Rätsel weitere Recherchen vor Ort oder im Internet.

 ### Mathe-/Physikcache

Auch hier ist wie beim Rätselcache die Art nicht vorgeschrieben. Jedoch müssen eine oder mehrere Aufgaben aus dem Bereich Mathematik oder Physik gelöst werden, die über das „normale Cacher-1x1" hinausgehen.

 ### Beweglicher Cache

Bei dieser Art wird der Cache von jedem Finder an einem neuen Ort versteckt. Die neue Position oder Aufgabe zum Ermitteln derselbigen müssen im Logeintrag veröffentlicht werden.

 ### Virtueller Cache

Hier gibt es am Ziel keine Dose zu finden. Jedoch ist eine Information (die nicht über das Internet bezogen werden kann) zu ermitteln oder ein Foto zu schießen, welches dem Cachebesitzer als Nachweis dient, dass die Zielkoordinaten auch tatsächlich besucht wurden. Eine besondere Variante ist der mit einem eigenen Attribut gekennzeichnete Safari-Cache. Er ist an keinen festen Ort gebunden – quasi das Equivalent zu dem ☞ Locationless bei GC.

Webcam Cache

Auch hier gibt es keinen physischen Cachebehälter. An den Koordinaten muss ein Foto (meist von sich selbst) mittels einer dort installierten Webcam aufgenommen werden, welches dem Logeintrag hinzugefügt wird.

Event Cache

Ein Treffen von mehreren Geocachern, Vorgaben zu Art und Ort gibt es nicht.

Unbekannter Cachetyp

Dies kann alles sein, was nicht zu den vorher aufgeführten Typen passt, wie die Letterbox.

Caches, die kein eigenes Icon besitzen

Die Vielzahl der Caches mit den unterschiedlichsten Ausrichtungen ließ die Plattformbetreiber recht schnell eine weitere Filtermöglichkeit in die Beschreibungen implementieren: Sogenannte Attribute können im Cachelisting zusätzlich eingefügt werden.

Je nach Plattform stehen mehrere Dutzend zur Auswahl, z. B. kinderfreundlich, Zeitaufwand ist kürzer als 1 Stunde, Streckenlänge unter 5 km, UV-Licht erforderlich, Giftpflanzen, Zecken, Schlangen, aber auch Nachtcache, Lost Place und Caches mit einem *Chirp*, die nachfolgend beschrieben werden.

Der Nachtcache

Bei einem Nachtcache handelt es sich um einen Geocache, der ausschließlich des Nachts gelöst werden soll. Sie sind üblicherweise als Multi-Cache mit einer nennenswerten Anzahl von Stationen angelegt. Bei den meisten Nachtcaches wird mit Reflektoren jeglicher Art gearbeitet. Aber auch fluoreszierende oder auf ultraviolettes (UV) Licht reagierende Farben sowie allerlei Basteleien (oft handwerkliche Meisterstücke) von aktiven Lichtern (die auf den Lichtschein einer Taschenlampe aus einem bestimmten Winkel reagieren) bis hin zu Lasern finden hier ihren Einsatz. Da in der Vergangenheit viele Cacher derartig ausgelegte Caches auch tagsüber gelöst haben, haben sich viele Owner sogenannte Tagsicherungen einfallen lassen. Eine plattformübergreifende Übersicht nebst App für Android, iOS und Windows Phone ist unter 💻 www.nachtcaches.de gehostet.

Der Lost Place

Bei dem Lost Place handelt es sich, wie der Name schon vermuten lässt, um einen verlorenen Platz. Meist sind mit dieser Bezeichnung alte, nicht mehr genutzte industrielle oder militärische Gelände umschrieben. Diese Caches haben oft eine höhere Bewertung in der Schwierigkeit (Difficulty) und im Terrain, sind sehr spannend und sie sind nicht jedermanns Sache! Das Betreten dieser Gelände ist in vielen Fällen zwar nicht untersagt, jedoch meistens nur geduldet. Wer sich also auf Lost Places begibt, sollte sich bewusst sein, wo er sich herumtreibt, und sich über mögliche Konsequenzen seines Handelns/Besuchs im Klaren sein! ... also, besser die Finger davon lassen!!!

Caches mit einem Chirp

Ende 2010 brachte der GPS-Hersteller *Garmin* den *Chirp*, einen 34x24x8 mm kleinen Sender, auf den Markt, der von den hauseigenen GPS mit ANT-Schnittstelle angepingt werden kann und dann eine kurze Information preisgibt. Die Reichweite beträgt ca. 10 m, kann aber je nach Gelände-/Versteckgegebenheiten stark variieren! Die Information, die der *Chirp* zum GPS übermittelt, besteht aus dem Namen (max. 9 Zeichen), einer Notiz (max. 50 Zeichen), einer Folge-Koordinate und der Anzahl der Besucher. Betrieben wird der *Chirp* mit einer CR2032, die je nach Besuchen ca. 1 Jahr hält. Caches mit *Chirp* sind mit dem Beacon-Attribut versehen.

Die verschiedenen Größen

Der Micro (XS)
Kann bis zu 100 ml groß sein.
 Eine besondere Variante sind die sogenannten **Nano**-Caches. Hierbei handelt es sich um kleinste Behältnisse, in denen nur kurze Logstreifen Platz finden.

Der Small (S)
Alles, was sich größenmäßig zwischen Filmdose und Butterdose bewegt. Je nach Quelle und Plattform von 100 ml bis 1 l.

Der Regular (M)
Hier sollte eine CD hineinpassen. Beliebt sind beispielsweise ausgediente Munitionskisten. Je nach Quelle und Plattform 1 bis 20 l.

Der Large (L)
Alle Behältnisse, die größer als 20 l sind. Es werden schon ganze Schränke, sogar Räume als Geocaches benutzt.

Der Other (other)

Hier gilt es, aufmerksam die Beschreibung zu lesen, eine Magnetfolie ist hier nur eine von vielen Möglichkeiten. In einigen Ländern werden Nanocaches auch (richtig ist Micro!) als Other gelistet.

Die verschiedenen Schwierigkeitsgrade

Eine weitere Filtermöglichkeit für die Auswahl eines Caches sind die Schwierigkeitsgrade. Über alle gängigen Plattformen hat sich ein Rating von 1 bis 5 für die Schwierigkeit als solche und die Schwierigkeit des Geländes, in dem der Geocache liegt, durchgesetzt.

Difficulty · Wie schwierig ist der Cache versteckt

1. **Leicht**: klar ersichtlich, ein Anfänger sollte den Cache in kurzer Zeit finden
2. **Mittelmäßig**: ein etwas erfahrenerer Cacher muss schon einmal eine halbe Stunde suchen

3. **Herausforderung:** ein erfahrener Geocacher braucht schon einmal einen halben Tag für die Lösung/Suche
4. **Schwierig:** ein erfahrener Geocacher kann schon einmal mehrere Tage/Anläufe für die Lösung benötigen, spezielle Fertigkeiten oder Wissen sind hier oft erforderlich
5. **Sehr schwierig:** Spezialkenntnisse sind zwingend erforderlich, der Weg zur Lösung kann sich über Tage hinziehen

Ein 1er-Cache wäre eine Dose, die offensichtlich, ohne irgendwelche Tarnung, an einem Baum hängt.

Ein filmdosengroßer PETling, der mit Kunstrasen beklebt ist und in einer Wiese, ohne jeglichen erkennbaren markanten Punkt wie Zaunpfahl etc. in der Nähe, einfach in den Boden gedrückt wird, ist deutlich schwieriger zu finden: Er ist klein, gut getarnt und man hat mit der physikalisch bedingten Ungenauigkeit von bis zu 10 m zu kämpfen und somit eine große Fläche abzusuchen. Ein derartiger Cache ist je nach persönlicher Einschätzung und Region mit bis zu 3,5 zu bewerten.

Terrain ·
Wie schwierig ist das Gelände, in dem der Cache versteckt ist
1. **Behindertengerecht**
2. **Kindertauglich:** zurückzulegende Wegstrecken bis ca. 3 km
3. **Nichts für kleine Kinder:** Strecken länger als 3 km, unwegsames Gelände, Kriechen oder leichte Klettereien (Räuberleiter, Bäume mit vielen Ästen bis zu einer Höhe von ca. 4 m) sind erforderlich
4. **Lange Wanderungen:** schwieriges, wegloses Gelände, Gleiten (eine äußerst schmutzintensive Art der Vorwärtsbewegung, bei der man sich auf dem Bauch liegend fortbewegt), Klettereien macht nicht jeder mehr ohne Ausrüstung
5. **Sehr schwierig:** Spezialausrüstung wie Boot, Klettermaterial oder Gerätetauchausrüstung **und** das Wissen um den richtigen Umgang mit selbiger sind unabdingbar!!!

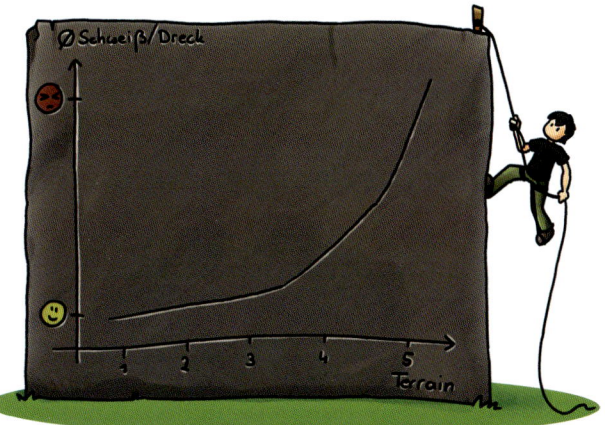

An einen 1er-Cache kann ein Rollifahrer ohne Probleme heranfahren, ein 5er hängt z. B. in 20 m Höhe in einem Baum. Hilfreich für die Bewertung ist ein Schwierigkeitsgradrechner wie bei den deutschen Reviewern unter 🖥 www.gc-reviewer.de/hilfe-tipps-und-tricks/schwierigkeits-gelaendewertung/ oder 🖥 www.dragon-cacher.de/geocaching/bewertungsbogen.html.

Loggen von Caches

Hast Du den Cache erst einmal gefunden, solltest Du ihn auch im Internet auf der entsprechenden Plattform loggen. Bei OC sind die Log-Typen sehr schön übersichtlich gehalten und selbsterklärend:

Gefunden, grünes Häkchen

Nicht gefunden, rotes Fragezeichen

Bemerkung, weißes Notizblatt

GC hat hier eine deutlich weiter gefasste Auswahl an Log-Typen (auch für die unterschiedlichen Arten von Caches) zur Verfügung:

Found it, wie gefunden, gelber lachender Smiley

Didn't find it, kurz **DNF**, nicht gefunden, blauer trauriger Smiley. Diesen Log-Typ solltest Du mit etwas Vorsicht verwenden. Oft ist es so, dass man ein Versteck aus „Betriebsblindheit" übersehen hat. Ein DNF-Log schreckt potenzielle Finder oft von der Suche ab und das ist schade, wenn es zu Unrecht geschieht, nur weil der vorherige Cacher nicht alle Versteckmöglichkeiten sondiert hat.

Webcam photo taken, Webcam-Foto aufgenommen, weiß-graues Bild. Wird geloggt, wenn ein Foto bei einem Webcam-Cache gemacht wurde.

Will attend, werde teilnehmen, grauer Briefumschlag mit Siegel. Mit diesem Log-Typ teilst du mit, dass du an dem entsprechenden Event teilnehmen möchtest.

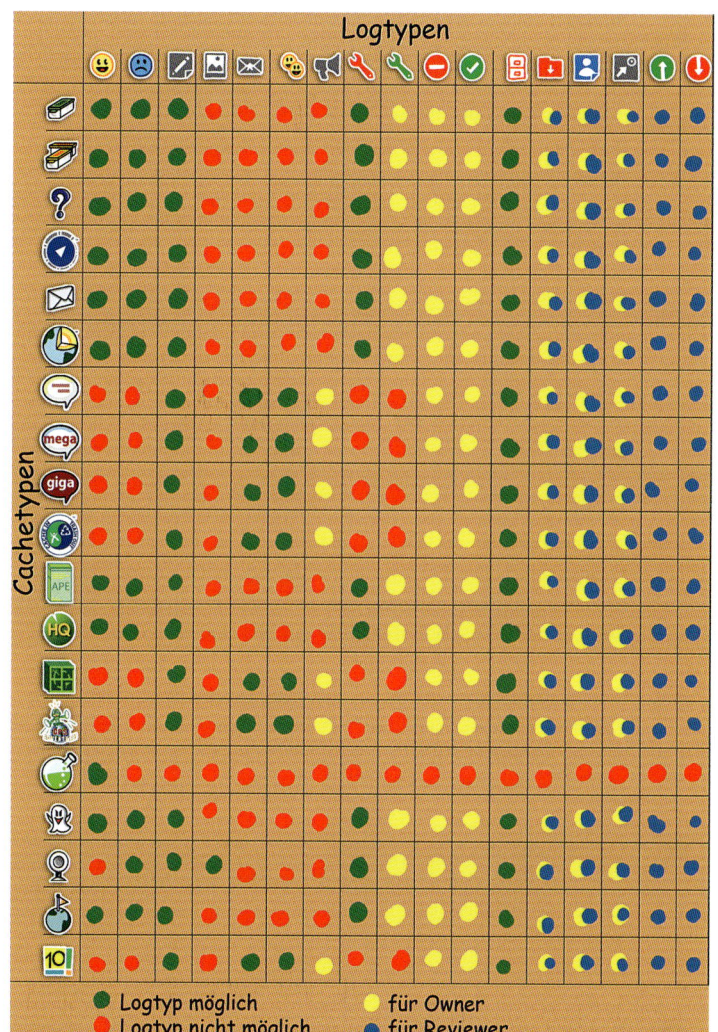

Attended, teilgenommen, zwei gelbe Smileys. Loggst du, wenn du an einem Event teilgenommen hast.

Announcement, Bekanntmachung, graues Megafon. Kann nur von dem Owner (Ausrichtenden) eines Events geloggt werden. Alle Geocacher, die in dem Event-Listing ein „Will attend" oder „Attended" geloggt haben, bekommen eine E-Mail mit der „Bekanntmachung", die der Owner ins Listing geschrieben hat.

Needs maintenance, sollte instand gesetzt werden, roter Schraubenschlüssel. Wenn sich der Owner um den Cache kümmern sollte, z. B. wenn der Behälter beschädigt oder der Inhalt nass geworden ist. Mit diesem Log-Typen wird im Listing des Caches bei den Attributen (rechte Seite) automatisch ein weißes Hilfe-Kreuz (auf rotem Grund) gesetzt.

Needs (to be) archived, sollte archiviert werden, weiß-roter Aktenschrank. Auch als SBA, wie should be archived, bezeichnet. Diesen Log-Typ solltest Du ebenfalls mit Vorsicht verwenden. Er empfiehlt sich nur bei Caches, deren Standort sich derart verschlechtert hat, dass das Suchen anderen Cachern nicht mehr zugemutet werden kann.

Temporarily Disable Listing, kurzfristig nicht verfügbar = deaktiviert, Einfahrt-Verboten-Schild. Wird vom Owner geloggt, wenn der Cache aus irgendwelchen Gründen kurzfristig nicht gefunden werden kann. Der Name des Caches ist im Listing dann durchgestrichen.

Owner maintenance, Instandsetzung durchgeführt, grüner Schraubenschlüssel. Wird vom Owner geloggt, wenn er eine Kontrolle seines Caches durchgeführt hat und dieses im Internet mitteilen möchte. Das u. U. in den Attributen des Cache-Listings gesetzte weiße Hilfe-Kreuz (auf rotem Grund) wird automatisch gelöscht.

Enabled Listing, Listing wieder hergestellt, weißes Häkchen in grünem Punkt. Dieser Log-Typ wird vom Owner geloggt, wenn er den betroffenen Cache wieder so hergerichtet hat, dass er gefunden werden kann. Beispielsweise wurde eine Zwischenstation bei einem Multi erneuert.

Archived, wie archiviert, roter Aktenordner mit weißem Pfeil. Wird ebenfalls vom Owner geloggt, wenn der Cache nicht mehr zur Verfügung steht. Wird auch von den Reviewern (☞ GC-Slang) vorgenommen, wenn der Owner nicht in einer angemessenen Zeit einen deaktivierten Cache wartet.

Write note, eine Notiz schreiben, Notizzettel mit Stift. Dieser Log-Typ wird verwendet, wenn irgendetwas mitgeteilt werden soll und die anderen Log-Typen nicht passen.

Published, veröffentlicht, grüner Punkt mit weißem Pfeil. Dieses Log ist das erste Log bei einem Cache. Es wird vom Reviewer gesetzt, der das Listing des Caches kontrolliert und freigeschaltet hat.

Post Reviewer Note, Notiz eines Reviewers bzw. an einen Reviewer, weiße Person auf blauem Zettel. Eine Notiz, die von den Reviewern zu dem Cache geschrieben wird. Meist passiert dies, wenn ein Owner seinen Cache längere Zeit auf „Temporarily disabled" gesetzt hat und sich augenscheinlich nicht weiter um ihn gekümmert hat.

Update Coordinates, Koordinaten geändert, weißer Pfeil und Punkt auf grauem Zettel. Wird verwendet, wenn die Koordinaten geändert wurden. Dies kann geschehen, wenn eine Messung korrigiert oder der Cache verlegt wird. Es erfolgt eine Mail an die Reviewer. Änderungen von über 150 m können hiermit nicht vorgenommen werden, hier müssen die Reviewer direkt kontaktiert werden.

Retract, zurückgezogen, roter Punkt mit weißem Pfeil. Dieser Log-Typ erscheint, wenn ein schon veröffentlichtes Listing zurückgezogen wird.

Der Travel Bug

Ein Travel Bug (TB), wörtlich ein reisender Käfer, ist ein Gegenstand, der von Cache zu Cache reist. Daher wird er auch hitchhiker bzw. Anhalter genannt. Als Travel Bug kann alles Mögliche und Unmögliche auf Reisen geschickt werden. Oft handelt es sich hierbei um Spielzeuge, aber auch alte Handys oder GPS-Empfänger wurden schon als TBs in Caches gesichtet. Sogar einen Heiratsantrag hat es schon via TB gegeben! All diese Gegenstände bekommen dann eine Erkennungsmarke mit einer individuellen Tracking-Nummer, anhand derer sie identifiziert werden können.

Mit dieser Nummer kannst Du unter 💻 www.groundspeak.com oder 💻 www.geocaching.com/track den Travel Bug finden, loggen und vor allem seinen bisher zurückgelegten Weg verfolgen.

Wenn Du einen Travel Bug aus einem Cache mitnimmst, solltest Du ihn innerhalb von 14 Tagen in einem anderen Cache ablegen. Hier gilt nicht die Regel des gleichwertigen Tauschens. TBs wie auch Geocoins sind Reisende, und die darf man bekanntlich nicht aufhalten, sondern soll ihnen weiterhelfen. Das heißt natürlich nicht, dass Du gleich alle TBs aus einem Cache mitnehmen solltest, ein gewisses Augenmaß ist - wie immer im Leben - angebracht. Die Ablage oder auch drop im Internet vollziehst Du mit dem Found-Log des jeweiligen Caches.

Wenn Du selbst einen Travel Bug in die weite Welt entlassen möchtest, benötigst Du eine dieser Erkennungsmarken mit einer Tracking-Nummer. Diese gibt es in ☞ Geocaching-Shops. Wenn Du ihm einen Auftrag geben möchtest, dann formuliere diesen am besten mehrsprachig, laminiere ihn und befestige ihn mit der TB-Marke an dem Gegenstand! Es ist nicht selten vorgekommen, dass ein TB kurz vor seinem Ziel von einem Cacher wieder in die Gegenrichtung mitgenommen wurde, nur weil sein Auftrag oder Ziel lediglich im Internet, nicht aber am TB selbst zu erfahren war ...

Die Geocoin

Geocoins funktionieren nach dem gleichen Prinzip wie Travel Bugs. Sie haben auch eigene Tracking-Nummern, mit denen ihre Wege nachvollzogen werden können. Bei ihnen ist die Nummer ebenfalls sechsstellig, alphanumerisch. Sie

beginnt immer mit zwei Buchstaben, aus denen ersichtlich ist, um was für einen Typ es sich handelt. Beispielsweise steht GE für Germany, EV für Event, PC für Personal Coin, außerdem hat jedes Land, ja sogar einzelne Regionen, ein eigenes Kürzel.

Der große Vorteil von Geocoins gegenüber den meisten TBs ist ihre geringe Größe, so finden sie auch in kleinen Cachebehältern Platz.

Coins können wie die TBs mit einem entsprechenden Auftrag versehen werden und müssen innerhalb von 14 Tagen in einem anderen Cache platziert werden. Geocoins haben meistens neben ihrer unterschiedlichen Gestaltung bei GC auch ein eigenes Icon.

Es gibt sie mittlerweile in allen erdenklichen Formen und zu den verschiedensten Anlässen oder Regionen, ja wahre Kunstwerke sind schon auf Reisen geschickt worden, was leider auch den Nachteil hat, dass, je schöner und seltener eine Coin ist, sie umso schneller dazu neigt, unterwegs zu verschwinden … Dennoch ist ein Ende des Coin-Booms nicht abzusehen!

Es gibt auch Geocoins, die nicht bei GC geloggt werden können. Teilweise haben sie keine Tracking-Nummer oder einen Verweis auf eine andere Organisation, bei welcher sie dann geloggt werden können. Auf Events kannst Du Cacher treffen, die der Leidenschaft des Coinsammelns verfallen sind und ihre Sammlungen albenweise mitführen! Viele Fragen um das Thema Geocoin werden bei der ☞ S.S.o.C.A. (🖥 www.ssoca.eu) beantwortet.

Der Jeep 4x4

In den Jahren 2004, 2005, 2006 und 2007 hat *Groundspeak Inc.* als Werbemaßnahme jeweils 5.000 bzw. 8.000 Jeeps in Umlauf gebracht. 2004 war der Jeep gelb, 2005 weiß mit Rückzugsmotor (!), 2006 grün und 2007 rot. Die Jeeps haben ebenso wie die Travel Bugs eine Erkennungsmarke. Die individuellen Tracking-Nummern beginnen immer mit JP wie Jeep. Die Jeeps haben einen Jeep in Frontansicht in der jeweiligen Farbe des Jahrgangs als eigenes Icon.

Loggen von Travel Bugs, Geocoins und Jeeps

Travel Bugs, Geocoins und Jeeps können unter 🖥 www.groundspeak.com anhand ihrer individuellen Tracking-Nummern gesucht und geloggt werden.

Ebenso kannst du sie unter „Trackable items" auf 🖳 www.geocaching.com/track verfolgen. Es gibt verschiedene Log-Typen mit unterschiedlichen Bedeutungen:

 Retrieve it, Icon einer TB-Marke mit grünem, aufwärts zeigendem Pfeil, solltest du loggen, wenn du den TB aus einem Cache mitgenommen hast.

 Place it bzw. **Drop**, Icon einer TB-Marke mit abwärts gerichtetem, blauem Pfeil, solltest du loggen, wenn du einen TB in einem Cache abgelegt hast.

 Visited, Besucht, Icon einer TB-Marke mit grünem auf- und abwärts zeigendem Pfeil. Loggst Du, wenn Du mit einem TB einen Cache besucht hast, den TB aber weiterhin behältst.

 Discovered it, Icon einer TB-Marke mit einem grünen Häkchen, solltest du loggen, wenn du einen TB z. B. auf einem Event oder in einem Cache gesehen, ihn aber nicht mitgenommen hast.

 Grab it, Icon einer TB-Marke mit einem grünen und einem blauen Pfeil. Dieser Log-Typ gibt Dir die Möglichkeit, einen TB von einem Cacher wegzunehmen, der den TB zwar physisch in einem Cache abgelegt, dieses Log aber nicht im Internet vollzogen hat.

 Write Note, Icon eines Notizzettels mit Stift, solltest du loggen, wenn du noch eine Notiz zu dem TB schreiben möchtest.

 Marked as Missing, als vermisst gemeldet, TB-Marke mit einem roten Punkt und Ausrufezeichen. Der TB befindet sich nicht mehr in dem Cache wo er sein sollte und ist als vermisst gemedet worden.

Weitere Anhalter

Neben den Travel Bugs, Geocoins, Geopins, Geotoken und Jeeps, die bei *Groundspeak Inc.* trackbar sind, gibt es noch eine große Menge an Coins und

Gegenständen, deren Reisen über verschiedenste Homepages nachvollzogen werden können wie: die *Pathtags* (🖥 www.pathtags.com), *Geolutins* (🖥 www.geolutins.com), *GeoKretys* (🖥 www.geokrety.org) und die *digitalfish* (🖥www.geofish.net). Trotz des oft günstigeren und teilweise kostenlosen Erwerbs, führen sie hierzulande ein Schattendasein.

Geotoken

Führen die unter weitere Anhalter aufgeführten Reisenden obwohl trackbar weiterhin im deutschsprachigen Raume ein Schattendasein, so erleben die Geotoken seit 2012 einen ungeahnten Boom. Maßgeblich beteiligt daran ist der 🖥 www.LaserLogoShop.com. Dies war der erste Anbieter, der individuell aus Kunststoff ge- und belaserte Token anbot.

Inzwischen gibt es mehrere Anbieter und die Token können farbig bedruckt werden, wodurch tolle 3D-Effekte entstehen.

Ähnlich der Geocoin hat sich auch hier eine riesige Community um die Geotoken gebildet. Ursprünglich war der Token als Signature Item (☞ Slang), eine Art Visitenkarte zum Hinterlassen im Cache gedacht, doch schnell haben die Cacher ihre Sammelleidenschaft entdeckt und es gibt kaum einen Event, wo nicht Tokens getauscht werden – förderlich hierfür sind die geringen Anschaffungskosten und kleine Auflagen, kurze Lieferzeiten und die schier unendlichen Möglichkeiten der Gestaltung. Ein umfangreiches Wiki um die beliebten Geotoken ist unter 🖥 www.token-wiki.de zu finden.

Wood Geocoin

Ursprünglich aus Tschechien kommen die Wood Geocoins, auch Woodies genannt. Die 35 mm durchmessenden und i.d.R. 5 mm starken Holzscheibchen werden belasert und seit Kurzem auch farbig bedruckt. Sie sind als Signature Item (☞ Slang) gedacht, werden aber gerne auf Events verteilt und getauscht. Aufgrund der günstigen Anschaffungskosten erfreuen sie sich immer größerer Beliebtheit.

Souvenirs

Wie anhand der vorgenannten TravelBugs, Coins und Geotoken zu erahnen ist, handelt es sich beim Geocachen um ein Hobby, das bestens für Menschen mit Leidenschaft fürs Sammeln geeignet ist. So ist es kaum verwunderlich,

dass *Groundspeak Inc.* 2010 die Souvenirs einführte. Dies sind kleine Grafiken ähnlich Avatars, die in der Statistik jedes einzelnen Geocachers auf 💻 www.geocaching.com//my/souvenirs.aspx angezeigt werden.

Souvenirs gibt es für Länder, Bundesländer, manchmal auch für Städte oder besondere Orte, aber auch zu bestimmten Anlässen wie 15 Jahre Geocaching oder die Teilnahme am Cito-Wochenende im April, bei Mega- und Giga-Events oder ☞ GeoTours, auch für das Erreichen bestimmter Ziele können Souvenirs vergeben werden. Die Entscheidung für wen, was oder wann es so ein Souvenir gibt, trifft *Groundspeak Inc.* in den USA.

Weitere Plattformen und Services für Geocacher

- 💻 www.geoclub.de, das *Grüne Forum*
- 💻 www.geocaching.com/forums und 💻 forums.groundspeak.com/gc/, hier ist das englischsprachige *Blaue Forum* gelistet
- 💻 www.geocaching-franken.de, Forum, Blog und eine eigene App
- 💻 www.dosenfischer.de, die Band der Geocaching-Szene
- 💻 www.gclogbuch.de, hier ist eine Link-Sammlung von Logbuchvorlagen beheimatet.
- 💻 www.GCVote.de, ein Bewertungssystem für Geocaches
- 💻 www.geocaching-magazin.com, das kostenpflichtige Print-Magazin gibt es seit 2010.
- 💻 www.geocaching.de, hier findest du grundlegende Informationen rund ums Geocaching. Auch der Natur- und Umweltschutz sowie eine Liste mit regionalen Ansprechpartnern haben hier Platz gefunden.
- 💻 www.geochecker.com, hier ist ein Service zu finden, mit dem die Koordinaten von dort eingetragenen Mystery-Caches überprüft werden können.
- 💻 www.gocacher.de, ein Nachrichtenportal, seit 2014 mit einem kostenlosen Print-Magazin
- 💻 www.MixiTV.de zeigt seit 2013 wöchentlich Videos zum Geocachen.
- 💻 www.project-gc.com, DIE Seite für Freunde der Statistik
- 💻 www.ssoca.eu, die „Secret Society of Coin Addicts" weiß alles zum Thema Trackables inkl. Wiki, 💻 wiki.ssoca.eu.
- 💻 www.token-wiki.de, alles Wissenswerte zu Geotoken

Ausrüstung

Die Ausrüstung des Geocachers

Bei der Vielzahl von einfachen Geocaches reichen meist GPS/Smartphone in Paarung mit gesundem Menschenverstand aus … meist, aber eben nicht immer! Drum nimmt der weise Geocacher seine Cachergrundausrüstung (kurz CGA) mit! Die folgenden Utensilien haben sich bei der Cachejagd schon häufig bewährt - natürlich erhebt diese Aufzählung keinen Anspruch auf Vollständigkeit!

Welches GPS - Karte oder nicht oder gleich das Mobiltelefon

Gängige GPS-Hersteller mit geocachingtauglichen Geräten bzw. für das Geocaching geeignete Geräte sind:

- *Garmin* (💻 www.garmin.de)
- *Falk* (💻 www.falk-outdoor.de)
- *Magellan* (💻 www.magellangps.com)
- *Satmap* (💻 www.satmap.com)
- *Teasi* (💻 www.teasi.eu)
- *TowNav* (💻 www.twonav.com)
- *Lowrance* (💻 www.lowrance.com)
- *DeLorme* (💻 www.delorme.com, in Deutschland nicht so weit verbreitet)
- *MICROSPORT* (💻 www.microsport.de)
- *Geomate.jr*, das Kinder-GPS mit 250.000 Tradi-Caches (ohne Beschreibung, nur Größe und Schwierigkeitsgrade!
  💻 www.mygeomate.com), aber auch
- *navins miniHomer* (in Deutschland vertrieben über 💻 www.znex.de), in den einzelne Koordinaten eines Caches eingegeben werden können. Das ist natürlich nicht so komfortabel wie das Laden von hunderten Caches nebst Beschreibung über PC/Internet, dafür ist er aber super klein und leicht für Grammjäger, als Datenlogger oder Backup!

Zum Einstieg ist ein Smartphone natürlich toll, da es eh schon im Bestand ist und somit keine zusätzlichen Anschaffungskosten aufwirft, zu bedenken gilt aber immer:

▷ Es muss GPS-fähig sein, also entweder einen GPS-Chip eingebaut haben oder eine Kabel- oder Bluetooth-Verbindung zu einem GPS-Empfängerbaustein aufbauen können.
▷ Ein Problem ist, dass ein Handy natürlich nicht witterungsbeständig ist.
▷ Und je nach Gerät liegt die Laufzeit mit einem vollgeladenen Akku nur bei 2 bis 6 Stunden.
▷ Hinzu kommt - auch da ist jedes Gerät unterschiedlich und muss schlussendlich ausprobiert werden - dass Mobiltelefone sowohl hard- wie auch softwaretechnisch gewissen Beschränkungen unterliegen können. Daher ist bei der Verwendung von Mobiltelefonen oft mit einer deutlich höheren Ungenauigkeit zu rechnen, die sich nur durch vorheriges Lesen der Cachebeschreibungen und vor allem durch Erfahrung ausgleichen lässt!
▷ Die Beschränkungen in Sachen Software lassen sich inzwischen mit guten Apps wie *c:geo*, *gcdroid*, *iCaching* oder *TrekBuddy* (weitere im jeweiligen App-Store) umgehen.
▷ Die Drahtlosnetzwerke sollten zur Positionsbestimmung deaktiviert werden, da es sonst zu höheren Ungenauigkeiten kommen kann - es ist ein recht komplexes Thema. Klar liegen die Vorteile einer Handyvariante auf der Hand: sofortige Verfügbarkeit von Internet, es kann gegoogelt oder wikipediert (besonders hilfreich die mobile Variante 💻 de.m.wikipedia.org) werden, Rechner und diverse Software zum Entschlüsseln von Rätselstationen können einfach mitgenommen und zu Rate gezogen werden. Demgegenüber stehen aber die kurze Akkulaufzeit, die Abhängigkeit vom Netzstrom, die nicht vorhandene Witterungsbeständigkeit und, wie oben ausgeführt, die möglicherweise deutlich größere Ungenauigkeit.

Für den Einsatz beim Urban-Caching in der Stadt oder als Backup ist ein Handy in meinen Augen akzeptabel, aber spätestens beim Wald-und-Wiesen-Cachen sollte ein ernstzunehmendes Outdoor-GPS im Einsatz sein - das kann auch mal runterfallen oder in eine Pfütze plumpsen, ohne gleich Schaden zu nehmen.

Unvorstellbar, wenn die gesamte Kontaktdatenbank und die Kalender-Einträge auf dem Handy durch einen Sturz ein für alle Male verschütt gingen!

Die Grundausstattung

Die Grundausstattung, kurz CGA (☞ GC-Slang), kann natürlich von Region zu Region unterschiedlich in ihrem Umfang ausfallen. Für den Transport bieten sich Hipbags oder kleine Rucksäcke an.

- Ersatzbatterien oder Akkus für GPS, Taschenlampe und Funkgerät
- Powerbank und Ladekabel fürs Smartphone
- Notizbuch und Stifte (Kuli, Bleistift, Edding)
- Kompass
- Karte
- Tools wie *Leathermen*
- Taschenlampe von z. B. *Fenix*, *LED LENSER*, *Nextorch*, *Nitecore*, *Zebralight*
- Stirnlampe
- Hering
- Draht, 1 bis 2 m mit einem Durchmesser von 1 bis 2 mm
- Pinzette, lang und spitz sollte sie sein, um Hinweise aus schmalen Spalten hervorholen oder widerspenstige Logbücher aus Nanodöschen befreien zu können
- Spiegel
- Schnur, ein einfaches Paketband oder eine Angelsehne
- Magnet mit einer Öse vorzugsweise aus Neodym, da dieser eine große Haftkraft besitzt.
- UV-Lampe
- Handschaufel
- Zollstock
- Schraubenschlüssel, ein sogenannter Engländer
- Stempel für das Logbuch der Letterbox . Heutzutage bieten viele Hersteller die Möglichkeit, Stempel mit individuellen Logos zu fertigen. Im Internet findest Du sie z. B. bei
  🖳 www.easystempel.de, 🖳 www.geocaching-stempel.com,
  🖳 www.stelog.de, 🖳 www.geocaching-stempel.de,
  🖳 www.geostempel.de, 🖳 www.stempelplattform.de oder
  🖳 www.vistaprint.de

Erste-Hilfe-Set

Leider kommt es auch beim Cachen immer wieder zu unliebsamen Überraschungen. Deshalb solltest Du eine Ausrüstung (im Prinzip eignet sich ein Autoverbandkasten nach DIN 13064, den sich zwei Cacher aufteilen) wie hier aufgeführt mitführen. Sie wiegt nur wenige hundert Gramm und nimmt nicht viel Platz im Rucksack weg:

- ☐ Heftpflaster, 2,5 cm x 5 m
- ☐ Pflasterverband in ausreichender Menge
- ☐ 2 Paar Einmalhandschuhe (besser Latex als Vinyl)
- ☐ Rettungsdecke (zur Wärmeerhaltung die Silberseite nach innen!)
- ☐ Zeckenzange oder Ähnliches
- ☐ Pinzette (gegen die kleinen Dornen und Splitter)
- ☐ Verbandtuch (großflächige Schürfwunden und Brandwunden)
- ☐ 2 x 2 Wundauflagen
- ☐ Verbandpäckchen 8 x 10 cm
- ☐ 3 Mullbinden 8 cm x 4 m (insgesamt drei Binden: Verbandpäckchen für die Wunde an sich, eine Binde ggf. als Druckpolster und eine als weiteres Druckpolster in der Hinterhand)
- ☐ 2 Dreiecktücher (als Trageringe, Verband oder zur Ruhigstellung verletzter Extremitäten nutzbar. Bei Kälte und entsprechender Farbe auch gut als Kopftuch geeignet.)
- ☐ Verbandschere nach DIN 58279 (billige aus Blech gestanzte Scheren geben bei hoher Belastung schnell auf)

Und ein Erste-Hilfe-Kurs kann auch nicht schaden.

Bekleidung und Schuhwerk

Je nach bevorstehendem Geocaching-Abenteuer sollten sie dem Wetter und Gelände angepasst sein.

Die erweiterte Grundausstattung

Zu der erweiterten Grundausstattung, kurz ECGA (☞ GC-Slang), werden alle Ausrüstungsgegenstände gezählt, die selten zum Einsatz kommen oder für die spezielle Kenntnisse erforderlich sind. Auch hier gibt es keine

Ausrüstung

Grenzen, so gibt es z. B. eine Vielzahl von Caches, die das Mitführen von Schlauchbooten erfordern! Auch ein Wagenheber kann sich als nützliches Utensil erweisen. Glücklicher- oder besser fairerweise sind solche Besonderheiten meist aus dem Listing oder aber den Logs der Vorfinder zu ersehen.

- ☐ Handtuch und Badesachen für den geplanten oder ungeplanten Gang ins oder durchs Wasser.
- ☐ Kamera. Es gibt Caches, wo viel Elektronik verbaut ist. Hier kommt es immer wieder vor, dass mit infrarotem Licht, das für das menschliche Auge ja nicht sichtbar ist, gearbeitet wird, z. B. morst eine IR-Diode die Koordinaten der nächsten Station. Mit einer Digitalkamera kannst du diese Signale sehen und für den späteren Einsatz aufzeichnen. Und in Verbindung mit einem Stativ erhöhst du deine „Reichweite" und kannst so Hinweise fotografieren, für die du sonst klettern müsstest.
- ☐ Fernglas. Taugt umgekehrt gehalten auch gut zum Vergrößern von Informationen, die mit einer sehr kleinen Schriftgröße gedruckt wurden.
- ☐ Greifer, wie sie für das Mülleinsammeln benutzt werden.
- ☐ Akkuschrauber. Es gibt mitunter Caches bei denen viel geschraubt werden muss. Mit dem Schweizer Messer geht das zwar, es ist aber doch sehr ermüdend, wenn ein Dutzend Schrauben aus irgendwelchen Schwellen entfernt werden müssen. Hier sind Akkuschrauber schon dankbare Helferlein.
- ☐ Bits. Für die alltäglichen Schraubereien beim Cachen langt normalerweise ein Schweizer Messer oder ein Tool. Mancher Owner hat sich aber besondere Schikanen einfallen lassen ... Beispielsweise hat er die Schrauben eines Behälters, in dem es einen Hinweis zu finden gilt, durch Inbusschraube oder Torx ersetzt.
- ☐ Innenvierkant-Schlüssel. In den meisten Fällen hilft hier auch schon eine ausgediente Türklinke.
- ☐ Saugnapf
- ☐ Knieschoner, wie sie von Inline-Skatern oder Handwerkern verwendet werden.
- ☐ Faltschüssel. Hiermit hast du die Möglichkeit, ein Versteck mit Wasser zu fluten, um dann die auf der Oberfläche schwimmende Dose an dich zu nehmen.

Ausrüstung

Smartphone, Tablet & Netbook

Smartphones, Tablets und Netbooks erfreuen sich beim Cachen großer Beliebtheit. Aufgrund der offenen Betriebssysteme bzw. der gewohnten Windows-Umgebung gibt es hier eine Vielzahl unterschiedlichster Anwendungen, die das Cachen einfacher gestalten.

Zum einen gibt es eine Fülle von Geocaching-Tools und Apps, mit deren Hilfe ein papierloses Cachen ermöglicht wird. Du brauchst also nicht mehr einen Stapel ausgedruckter Beschreibungen mitzunehmen. Die kompletten Beschreibungen nebst Logeinträgen und Fotos können auf den Geräten offline oder online, je nach Gerät und Software, zur Verfügung gestellt werden.

Nebenbei gibt es auch eine große Auswahl an Routing- und Kartensoftware, mit denen das Gelände besser eingeschätzt werden kann. Wenn genügend Speicherplatz vorhanden ist, empfiehlt sich auch die Mitnahme der Wikipedia-Version für unterwegs (🖥 de.wikipedia.org/wiki/Wikipedia:Unterwegs). Es gibt aber auch andere hilfreiche Tools, angefangen bei wissenschaftlichen Rechnern, die Umrechnungen von binären oder hexadezimalen Zahlen vornehmen können, oder Sudoku- und Anagrammgeneratoren, die dir eine u. U. stundenlange Tüftelei erspart. Und sollte das passende Programm mal nicht installiert sein, bieten viele Geräte die Möglichkeit, online zu gehen und schnell mal im Internet nach des Rätsels Lösung zu suchen - je nach Provider zu schlechten, aber durchaus auch guten Konditionen …

In den 3 bis 5 l kleinen Stausäcken (€ 15) aus dem Hause *Ortlieb* lassen sich die kleinen elektronischen Gehirne auch noch wasserdicht für den Transport verpacken.

Multimeter

Befreit dich von der lästigen Umrechnung der Farbcodes von Widerständen.

Die erweiterte Grundausstattung kennt keine Grenzen! So gibt es nicht wenige Geocacher, deren Cache-Mobile vor lauter Equipment kaum noch Platz für einen Beifahrer bieten …

Hier werden dann noch Wurfsäcke, Angel, Wathose, Slackline, Strick- und Teleskopleiter, Bogen, Steigeisen, Amateurfunkausrüstung, diverse Rechner, Schlauchboot und Taucherausrüstung mitgeführt - teilweise sogar mehrfach …

Es sind sogar schon Hebebühnen beim Cachen vorgefahren worden!

Winter

Wenn die Tage wieder kürzer werden, beginnt die große Zeit der Nachtcaches. Da dann bekanntlich auch die Temperaturen zurückgehen, solltest du hier auch unbedingt einige spezielle Ausrüstungsgegenstände mitnehmen!

- ☐ Gefütterte Handschuhe
- ☐ Kristalline Handwärmer oder Taschenofen
- ☐ Thermosflasche mit einem Heißgetränk oder einer Brühe hat auch schon Wunder gewirkt. Ein heißer Tee hat schon so manche „eingefrorene Hirnwindung" wieder aufgetaut und plötzlich lag des Rätsels Lösung oder der lange vergeblich gesuchte Hinweis auf der Hand! Zu beachten ist eigentlich nur ein gut schließender Verschluss, ansonsten verrichten die günstigen Modelle aus Asien, die ab € 10 zu erwerben sind, genauso ihren Dienst wie die Luxusausführungen.
- ☐ Salz oder Enteisungsspray. Auch im Winter in unseren Breiten kommt es ab und an vor, dass sich der Aggregatzustand des Wassers ändert. So kann schon mal der eine oder andere Cache in seinem Versteck einfrieren oder auch nur der Deckel festfrieren. Eine Prise Salz oder etwas Enteisungsspray auf die vereiste Stelle schaffen da Abhilfe.

Cachereparatur und Wartung

- ☐ Notlogbuch oder Ersatzlogzettel
- ☐ Silikat
- ☐ Filmdosen
- ☐ Petling
- ☐ Schraubverschluss
- ☐ Gewebeklebeband
- ☐ Tüten
- ☐ Heißkleber und Feuerzeug

Das Internet

Neben dem richtigen Umgang mit dem GPS/Smartphone ist der Umgang mit dem Internet erforderlich. Du kannst dort die gewünschten Caches für die Jagd auswählen und nach erfolgreicher Suche entsprechend loggen.

Geocaching.com

Wenn du die Homepage von GC unter 🖥 www.geocaching.com besuchst, startet ein Intro, das Geocaching in 75 Sekunden vorstellt.

Mit klicken auf „Sign Up" öffnet sich eine neue Seite, wo du dich entweder mit einem bestehenden Facebook-Account einloggen oder unter Angabe einer E-Mail-Adresse, eines Nicknames, eines Passwortes und Setzen des Häkchens „I agree to the Terms of Use and Privacy Policy" einen kostenlosen Geocaching-Account eröffnen kannst.

Eingeloggt kannst du durch Anklicken des rechten Buttons **„Upgrade"** eine kostenpflichtige Premium-Membership einrichten. Diese Mitgliedschaft kostet zzt. € 9,99 für 3 Monate bzw. € 29,99 für 12 Monate.

Vorteile sind zusätzliche Möglichkeiten wie der Download von Caches nicht nur im LOC-, sondern auch im GPX-Format, das Führen diverser Statistiken deines Cacherdaseins und die Vergabe von Favoriten-Punkten (einer auf zehn gefundene Caches), wenn dir ein Cache besonders gut gefallen hat.

Der wichtigste Vorteil sind die „Pocket Queries". Dies sind GPX-Dateien mit zzt. bis zu 1.000 Caches, die du über einen Download-Link auf das GPS kopieren kannst. Neben den GC-Kürzeln, Namen der Caches und den Koordinaten enthalten diese Dateien zusätzlich das Listing mit den letzten fünf Logs. Sie können in verschiedenen Formaten (GPX mit Listing oder LOC ohne Listing) erstellt werden.

Weitere Services

- 🖥 wiki.groundspeak.com
- 🖥 support.groundspeak.com
- 🖥 blog.geocaching.com
- 🖥 www.geocaching.com/calendar/

Opencaching.de

Wenn du die Seite 🖥 www.opencaching.de besuchst, kannst du in dem „Hauptmenü" im linken Bereich der Homepage auf den Button „Registrieren" klicken, um einen Account einzurichten. Hier bedarf es lediglich des Landes, eines Benutzernamens, einer E-Mail-Adresse und eines Passworts. Die Angabe von Vorname und Name sind optional. Die Datenschutzbelehrung und Nutzungsbedingungen müssen natürlich auch hier akzeptiert werden.

Weitere Services

- 🖥 wiki.opencaching.de
- 🖥 blog.opencaching.de
- 🖥 forum.opencaching.de

navicache

Auf 🖥 www.navicache.com kannst du unter „My NaviCache" die Option „Sign Up!" wählen, um einen Account zu eröffnen. Hier werden von dir Name, Vorname, Benutzername, Passwort und E-Mail-Adresse gefordert. Ebenfalls musst du angeben, ob andere Cacher dich über navicache kontaktieren dürfen. Der Account bei NC ist ebenfalls kostenlos.

Umgang mit dem Spartphone und GPS

Genauigkeit

Die Genauigkeit des GPS-Signals liegt bei 5 bis 15 m.

Viele Faktoren wie die Konstellation der Satelliten, die Art des Geländes, enge Schluchten, viele hohe Häuser in den Innenstädten, Belaubung im Wald und auch das Wetter sind hierfür ausschlaggebend. Vor allem aber gilt: Sei nicht zu technikgläubig!

Jedes GPS gibt eine Genauigkeit an, bei Smartphones ist das von der installierten App abhängig. Bei Geräten von *Garmin* geschieht dies auf der Satellitenseite oben links.

Die Angabe ist der besseren Verständlichkeit halber in Metern dargestellt. Je geringer der Wert, umso besser ist die Konstellation der Satelliten zueinander und somit die Qualität der ermittelten Koordinaten. Als Vergleich die Satellitenseite mit schlechtem und gutem Empfang.

Geocaching in der Praxis

Richtungsangaben

Solange du in Bewegung bist, zeigt das GPS auch immer die richtige Richtung an. Dies geschieht durch die Veränderung der Laufzeit der Signale von den Satelliten. Wenn du jedoch stehen bleibst, differieren die Signale nicht und das GPS ermittelt die Position, aber eben nicht mehr die richtige Himmelsrichtung!

Ausgenommen sind hier die Geräte mit einem integrierten **elektronischen Kompass**, der dann auch **eingeschaltet** und **kalibriert** (am besten nach jedem Batteriewechsel, ansonsten kann es zu nicht unerheblichen Abweichungen kommen!) sein sollte! Bei allen anderen Geräten kann an dieser Stelle wieder der gute alte Kompass zum Einsatz kommen. Beispielsweise bei der Arbeit mit einer klassischen Karte.

Kartenbezugssystem, Kartengitter und Nordreferenz

Weltweit gibt es über 100 verschiedene regionale Kartenbezugssysteme, die in dem GPS-Empfänger im Setup bzw. Einstellungen für die Einheiten ausgewählt werden können. Das Kartenbezugssystem, auch Kartendatum, ist auf den meisten neueren Karten bei der Legende angegeben.

Für das Geocaching wird das WGS84 (World Geodetic System von 1984) verwendet. Ebenso wichtig ist das Kartengitter. Mit diesem wird festgelegt, in welchem Format die Längen- und Breitengrade dargestellt werden. Beim Geocaching wird überwiegend das Format hddd°mm.mmm' verwendet. Beachte immer die richtige Einstellung im GPS! Bei der versehentlichen Einstellung von hddd°mm'ss.s'' kann es zu Differenzen von mehreren 100 m kommen! Beides findest du in den Einstellungen des GPS bzw. der App.

Ebenfalls im Setup bei den Einheiten befindet sich das Feld Nordreferenz. Diese wird bei der Arbeit mit Karten entsprechend der Angabe in der Legende der Karte eingestellt. Beim Geocaching wird die Nordreferenz auf „wahr" oder „rechtweisend" (je nach Gerätetyp und Sprachdatei) eingestellt, ansonsten kann es auch hier zu Abweichungen kommen!

Qualität der empfangenen Signale

Wie steht es nun um die Qualität der empfangenen Signale, wo sind die Grenzen? Grundsätzlich gilt, du solltest „Sichtkontakt" zu den Satelliten

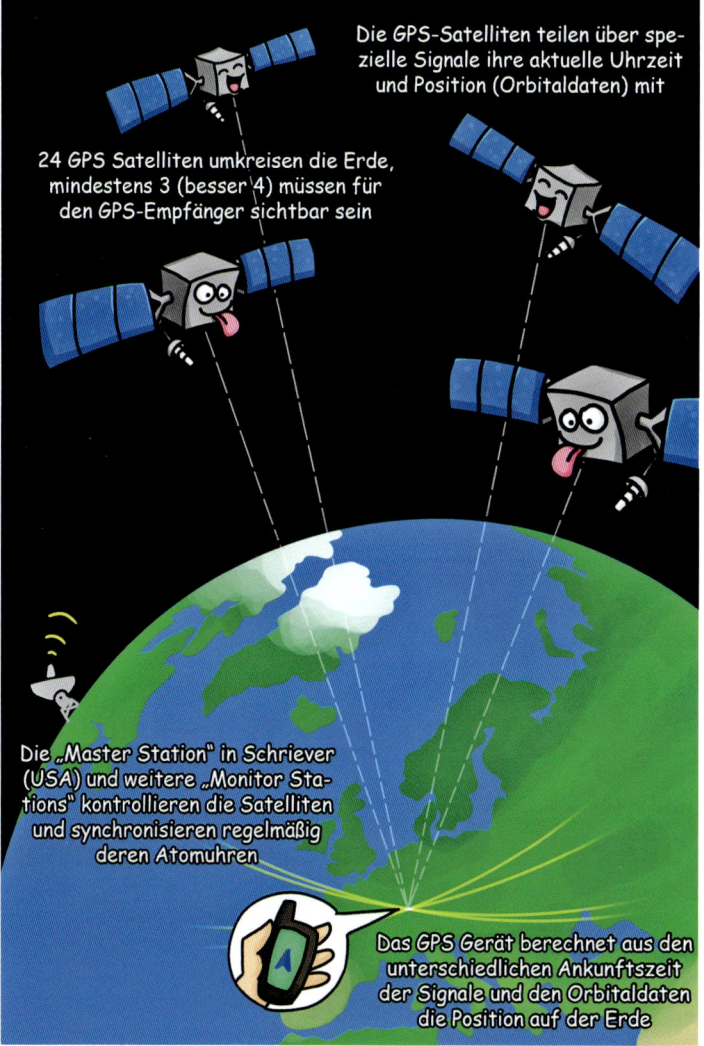

haben, um sie empfangen zu können. Berge und hohe Häuser schatten die Signale komplett ab. Auch ein dichter Baumbestand verschlechtert den Empfang erheblich, bis hin zur kompletten Abschattung.

Projizieren

Das Projizieren eines Wegepunktes gehört auch zu den Grundfähigkeiten, die ein Geocacher beherrschen sollte. In den einfachsten Fällen kannst du das schon am heimischen PC erledigen. Beispielsweise ist im Listing die Position A als Ausgangspunkt angegeben. Von diesem ist das Versteck des Caches in einer Entfernung von 300 m in der Richtung 270° zu finden. Hier benutzt du einfach das Messtool, mit dem die meisten Kartenprogramme ausgestattet sind, und bewegst den Cursor dann in die entsprechende Richtung, bis die Anzeige (meist am unteren Rand des Fensters) des Programms die Werte bestätigt. Nun setzt du den entsprechenden Wegepunkt oder speicherst die Koordinaten im GPS.

Soweit der einfache Fall, was aber tun, wenn eine Projektion vor Ort durchgeführt werden muss? Leider ist nicht jedes GPS/App mit dieser Funktion

ausgestattet! In diesem Falle gehst du in die entsprechende Richtung, z. B. 270°, also Westen, und lässt das GPS die Entfernung zu dem Punkt messen, von dem die Messung ausgehen soll. In der Richtungsangabe zeigt das GPS dann 90° an (also um 180° versetzt)!

Bei den Geräten von *Garmin* gehört das Projizieren zum Standard (Menüpunkt Wegpunkt-Projektion oder über Sight'n Go). Dies ist dann wesentlich komfortabler, da das Abschätzen von „krummen" Gradzahlen entfällt.

Wie gehst du nun vor? Gehe einfach in dem Menü für Wegpunkte zu dem Wegpunkt, den du gerade angelaufen bist, und wähle diesen nochmals aus. Hier findest du dann ein Untermenü mit der Bezeichnung „Projekt" oder „Wegpunkt-Projektion", das du auswählst. Du kannst dann die gewünschte Gradzahl und Entfernung eingeben. Mit „OK" schließt du die Projektion ab und kannst nun den neuen Wegpunkt anlaufen.

Unter 🖳 www.hentsch.de/gc/gcmt.htm findest du ein *Excel-Tool* und das *GCMT* für PocketPC, mit dem du ebenfalls eine Projektion vornehmen kannst. Du gibst einfach die Koordinaten des Standpunktes ein, dann die Entfernung und Gradzahl, und die Programme errechnen die neuen Koordinaten.

Suchen eines Geocaches

Ist die richtige Ausrüstung erst mal zusammengestellt, kann der Rucksack geschnürt werden und los geht es zum Cachen.

Im Vorfeld solltest du aber immer einige Punkte berücksichtigen.

Grundsätzliches für die Suche

Wie heißt es so schön: Wer lesen kann, ist klar im Vorteil. Dieser Spruch bewahrheitet sich auch im Geocacher-Alltag! Im Vorfeld also ins Listing schauen, dann siehst du sofort, auf welchen Typ Cache, Größe und Schwierigkeitsgrad du dich einlässt.

Beachte auch, ob der zu suchende Cache schon Favoritenpunkte bekommen hat.

Die Logs der Vorfinder zu lesen ist oft hilfreich, um zu erfahren, wie gut oder schlecht der Cache empfunden wurde. Als Faustformel gilt: je kürzer die Logs ausfallen, desto unspektakulärer und umgekehrt.

▷ Denke an die richtige Ausrüstung.
▷ Achte auf einen **schonenden Umgang** mit der **Tier- und Pflanzenwelt**, **nutze** so lange wie möglich **vorhandene Wege**.
▷ Gehe entsprechend vorsichtig vor, wenn der Cache oder die Zwischenstationen vermeintlich auf privatem Grund liegen.

Was kann alles auf dich zukommen?

Bei traditionellen Caches ist das verhältnismäßig einfach. Hier sind die Koordinaten bekannt. Ebenso die Größe. Du weißt also, ob es sich um eine Filmdose oder Munitionskiste handelt.

Neben den klassischen Verstecken wie Baumwurzeln oder Baumstümpfen gibt es ausgefallene Verstecke. Wie das kleine oder große Stück Totholz, das so aufgebohrt wurde, dass der Cachebehälter dort exakt hineinpasst. Oder das alte Gemäuer, wo du einen Stein aus der Wand entfernen musst, um an den Geocache zu gelangen.

Auch künstliche Tannenzapfen, Steine oder Gegenstände des „täglichen Gebrauchs" wie Verteilerdosen oder Lampen sind schon vorgekommen.

Bei Multi-Caches ist das schon anders. Du weißt nicht immer, mit wie vielen Stationen du es zu tun hast. Auch weißt du meistens nicht, wie die Hinweise gestaltet sind.

Die einfachste Variante sind Zwischenstationen, die bestehende Landschaftsmarken nutzen. Dies können Hausnummern, Jahreszahlen an Gebäuden oder Denkmäler sein. Beliebt sind auch Gegenstände wie Pfosten oder Bäume, die du zählen sollst. Immer wieder sind auch Gegenstände zu identifizieren oder Farben zu finden, die du dann in Zahlen umrechnen musst, wie unter ☞ Ver-/Entschlüsselungen vorgestellt.

Diese Art von Zwischenstationen erkennst du oft schon aus dem Listing, da dort dann die Hinweise gegeben werden, wie an den Zwischenstationen verfahren werden soll.

Eine ebenfalls recht einfache Art von Hinweisen sind die, die in Dosen untergebracht sind.

Hinweise können natürlich auch verschlüsselt sein, z. B. können mit UV-Stift zusätzliche Hinweise gegeben werden, die nur derjenige erhält, der ein UV-Licht dabeihat und zum Einsatz bringt.

Dann gibt es die geschriebenen Hinweise, die mit Edding irgendwo vermerkt sind. Das kann auf bzw. unter Steinen, Baumstämmen, Pfählen, aber auch Rückseiten irgendwelcher Schilder etc. sein. In manchen Fällen musst du sogar ein Schild zur Seite drehen, um an einen darunter vermerkten Hinweis zu kommen. Es lohnt sich also, ein wachsames Auge zu haben und auch Gegenstände des täglichen Lebens auf Vollständigkeit z. B. von Schrauben zu überprüfen!

Auch einlaminierte Hinweise können gut hinter Schilder geschoben werden. Hier gilt es auf hervorstehende Kanten, Angelsehnen und ungleichmäßige Abschlüsse zu achten.

Eine weitere beliebte Methode, Hinweise zu verstecken, ist die Magnetfolie. Sie kann perfekt auf das Objekt, an dem sie platziert werden soll, zugeschnitten werden. Dadurch ist sie so gut wie unsichtbar.

Mit *Dymoband* geprägte Hinweise sind auch öfter anzutreffen. Vorteil ist die große Witterungsbeständigkeit und die Möglichkeit, das Band recht unauffällig beispielsweise als Schlingpflanze zu platzieren.

Schlagzahlen sind eher selten, aber oft schwierig zu finden!

Es gibt sie in den unterschiedlichsten Größen und sie können auf den verschiedensten Materialien eingesetzt werden.

Besonders gemein ist die Verwendung auf Holz, wie alten Bahnschwellen. Vorzugsweise werden sie jedoch auf kleinen Metallplättchen eingeprägt. Diese können dann wieder überall versteckt werden, z. B. irgendwo untergeschoben oder befestigt auf Rückseiten von Steinen, Totholz o. Ä. Auch Unterlegscheiben wurden schon mit Schlagzahlen versehen. Diese können dann unter existenten Schrauben des Alltags angebracht werden. Diese fallen den meisten Menschen nicht auf und sind so vor dem zufälligen oder absichtlichen Entfernen recht sicher.

Eine weitere Methode, die immer mehr Zuspruch findet, ist die Verschlüsselung mit Bar-, Sema- und QR-Codes (Quick Response).

Ein Aufkleber mit einem Barcode oder einem komplexeren 2D-Code, wie er von den Versanddiensten verwendet wird, fällt im Alltag noch weniger auf als eine Notiz mit Edding. Wer weiß schon, dass das Etikett mit dem Strichcode auf der Rückseite des Straßenschildes nicht vom Hersteller stammt?

Die Möglichkeit der offensichtlicheren Platzierung wird mit einer erschwerten Entschlüsselung vor Ort bezahlt. Viele Smartphones, Netbooks, Tablets, aber auch ältere Handys mit Kamera sind in der Lage, verschiedene komplexe Codes zu entschlüsseln, vorausgesetzt die richtige Software ist installiert. (☞ Quick-Links und natürlich halten *Play-Store* und *iTunes* ein breites Angebot an QR-Code-Readern für das jeweilige Betriebssystem bereit). Eine weitere, weniger komfortable Lösung ist das Abfotografieren von Codes und spätere Entschlüsseln am heimischen PC. Das Programm *bctester* kann sie direkt aus Bilddateien heraus entschlüsseln.

Die eigentliche Suche

Wähle die Koordinaten bzw. den Cache auf dem GPS/Smartphone aus und folge den Anweisungen. Dabei gilt natürlich, auf den Wegen zu bleiben, hier ist der Blick auf die Kartenansicht am hilfreichsten! Denn wenn du lediglich auf den Richtungspfeil und die Entfernung vertraust, wirst du sehr schnell feststellen: Der kürzeste Weg ist zwar eine Gerade, aber das ist nicht immer der schnellste!

Ab einer Entfernungsangabe von 10 m solltest du dann die Augen vom Display wenden.

Bedenke, dass es immer eine gewisse Ungenauigkeit in der Angabe gibt. Sowohl für den Augenblick, aber auch für den Zeitpunkt, als die Koordinaten für den Cache ermittelt wurden. Hier gilt es, Angabe der Genauigkeit auf der Satellitenseite in Betracht zu ziehen.

Jetzt heißt es das Gelände inspizieren, schau dich nach den Möglichkeiten um, wo der Cache versteckt sein könnte! Es gilt: **erst gucken, dann suchen!**

Die meisten Verstecke sind recht eindeutig, im Wald werden gerne Baumwurzeln, alte tote Baumstämme oder Astgabeln und Astlöcher genutzt. Selten liegt ein Cache einfach offen in der Landschaft.

Wenn du nicht fündig wirst

▷ Überprüfe die Koordinaten.
▷ Überprüfe das Positionsformat. Gern werden die Einstellungen hddd°mm.mmm' Grad, Minute, Dezimal-Minute und hddd°mm'ss.s'' Grad, Minute, Sekunde verwechselt.
▷ Kontrolliere, ob das Kartendatum bzw. -bezugssystem auf WGS84 und die Nordreferenz auf „wahr" bzw. „rechtweisend" eingestellt sind.
▷ Überprüfe, ob das GPS Empfang hat und wie die Qualität des Signals ist. Ist die Angabe der Genauigkeit auf der Satellitenseite größer als 10 m, solltest du einen größeren Suchradius in Betracht ziehen.
▷ Schau, ob WAAS/EGNOS eingeschaltet ist und ob der Korrektursatellit überhaupt empfangen werden kann!
▷ Bei einem GPS mit integriertem und aktiviertem elektronischem Kompass achte darauf, dass dieser auch kalibriert ist.
▷ Kontrolliere die Aktualität der Cachebeschreibung.
▷ Laufe das Versteck erneut aus unterschiedlichen Richtungen an. Dies ist besonders effektiv, wenn du in einer Gruppe mit mehreren GPS-Empfängern unterwegs bist. Es ist erstaunlich, wie unterschiedlich die Ergebnisse sein können!
▷ Überlege nochmals, wo du einen Cache verstecken würdest und schaue dort nach.

Es bringt in den wenigsten Fällen etwas, wenn du den Wald am Cache umgräbst! Der Geocache kann auch einfach weg sein, kontaktiere dann den Owner oder trage ein entsprechendes Log im Internet ein.

Ach ja, auch beim Suchen von Geocaches macht die Übung den Meister!

Serien

Einige Cacher legen ganze Serien von Caches. Neben einfachen „mal eben so" gelegten Caches gibt es auch „anspruchsvolle" Serien zu den unterschiedlichsten Themen, wie die *Häuser der Helfer* oder *Gotteshäuser*. Letztere Caches sind in der Nähe von Kirchen versteckt, so dass sich entsprechende Kirchgänger nicht an den suchenden Geocachern stören können. Im Listing dieser Caches sind geschichtliche Daten und Wissenswertes zu den Kirchen vermerkt - diese Caches haben also noch zusätzlich einen gewissen Lehrwert.

GeoTours

Eine besondere Variante sind die von *Groundspeak Inc.* in 2012 mit *Columbus, Georgia, Riverwalk GeoTour* eingeführten *GeoTours*. Diese Cache-Serien bieten entgegen den üblichen Regeln, wie sie für alle anderen Caches gelten, den Auftraggebern wie Nationalparks, Touristikern und Firmen die Möglichkeit, entsprechende Werbung mit Logo, Links, eine besondere Landingpage und eigenem 🗨 Souvenir in den Listings zu schalten. Natürlich muss der Auftraggeber ein gewisses Budget für diese Tour bereithalten.

Für den Geocacher bedeuten die *GeoTours* besonders hochwertige Caches in interessanten Gegenden!

So gingen 2013 die ersten *GeoTours* in Deutschland mit den *Geoheimnisse der Region Hannover GeoTour* und *Schatzhüterin GeoTour* in und um Hannover und 2015 *Paderborner Land GeoTour* an den Start.

Themencaches

Eine weitere Variante sind Caches, die durch ein beliebiges Thema miteinander verbunden sind, was oft durch die Namensgebung und eine Nummerierung ersichtlich wird.

Autobahncaches

Ein anders geartetes Beispiel sind die verschiedenen Serien entlang von Autobahnen. Diese Caches sind mitunter in Leitplanken versteckt und werden von vielen nur als Statistikpunkte gesehen.

Powertrails

Darunter werden Serien verstanden, bei denen es darum geht, möglichst viele Caches in möglichst kurzer Zeit zu finden. Man startet z. B. morgens an einer Fluss- oder Straßenseite, findet 100 Caches, wechselt mittags auf die andere Seite und erradelt die nächsten 100 Caches. Diese Trails rufen ein sehr geteiltes Echo in Bezug auf Sinnhaftigkeit und Qualität versus Statistik hervor ...

Nachtcaching

Nachtcaching oder Nightcaching übt auf die meisten Cacher einen ganz besonderen Reiz aus. Denn Nachtcaches sind meistens deutlich aufwendiger gestaltet als normale Caches, oft sind sie als Multi mit mehreren Stationen ausgelegt.

Grundsätzlich gilt beim Nachtcachen in bewohnten Gebieten: Nicht unnötig lange mit der Taschenlampe umherfunzeln.

Es ist schon vorgekommen, dass sich Geocacher einer Befragung durch die Ordnungshüter stellen mussten …

In **ländlichen Gebieten** ist natürlich auch mit **Jagdbetrieb** zu rechnen. Aufgrund des unterschiedlichen Wildbestandes und der damit verbundenen Jagd- und Schonzeiten kann man nicht pauschal sagen, wann wo gejagt wird oder wann nicht. Hier gilt es, sich vorher zu informieren, um unnötige Konfrontationen und Gefahren zu vermeiden!

Hilfreich ist die Funktion „Jagd und Angeln", die es in manchen GPS-Geräten gibt, wie auch ein Besuch auf 💻 www.schonzeiten.de. Ebenso das Wissen, dass üblicherweise ca. 1½ Std. vor und nach Sonnenauf- und -untergang sowie bei guter Nachtsicht gejagt wird. Letzteres ist ca. 4 Tage vor und nach Vollmond, aber auch bei bewölktem Himmel, wenn das Licht der Zivilisation von den Wolken reflektiert wird, der Fall. Ein weiterer Indikator sind der Wind bzw. Windstille, bei der das Wild die Witterung besser aufnehmen kann. Auch gibt es sogenannte Lichtkalender, die es Jägern einfacher machen, die Zeiten, in denen es tendenziell besseres Licht zum Jagen gibt, abzuschätzen (Stichwort: *Tischoffscher Mondhelligkeitskalender* zu finden im

Service bei 🖥 www.wildundhund.de). Du solltest dich also vor dem Besuch ländlicher Nachtcaches etwas kundig machen und diese ggf. meiden, um sie und dich nicht unnötig zu gefährden!

Am häufigsten werden beim Nachtcachen Reflektoren unterschiedlichster Bauform eingesetzt. Diese können aus Kunststoff, wie du sie vom Fahrrad her kennst, aber auch aus reflektierender Folie wie bei Warnwesten sein. Letztere eignen sich prima zum Auslochen … sei also auf sehr kleine Reflektoren gefasst!

Das Gegenteil kann natürlich auch der Fall sein, Straßenschilder und Begrenzungspfosten sind schon in so manchen Nachtcache integriert worden – hier ist wieder aufmerksames Zwischen-den-Zeilen-lesen bei der Beschreibung gefragt!

Gerne werden auch elektronische Spielereien eingesetzt. Das geht von Dämmerungsschaltern und Bewegungsmeldern wie bei der Hausüberwachung über reaktive Lichter (sie reagieren mit z. B. Blinken, wenn der Lichtpegel einer Taschenlampe auf ihre Sensoren trifft) bis hin zu infrarotem (hier hilft die Digitalkamera!) Licht und sogar Taschenlaser … der Fantasie wird bei Nachtcaches besonders freier Lauf gelassen!

Etwas seltener sind Markierungen mit ultravioletter Farbe zu finden – hier kommt dann die UV-Lampe zum Einsatz.

Viele Ideen hierzu findest du im Internet unter 🖥 www.cachestation.de, 🖥 www.voicemodul.de und 🖥 www.novacache.de.

Verstecken eines Geocaches

Wenn du die ersten Geocaches gefunden hast, wirst du sicher den Wunsch verspüren, einen eigenen Cache zu verstecken. Hier gilt: „Eile mit Weile"! Im Anflug einer ersten Euphorie sind schon viele Caches „mal eben so" versteckt worden. Es wurden schon Caches mit lediglich Plastiktüten als Behältnis gesichtet, auch sind Plätze, wo Kinder spielen oder unsere vierbeinigen Freunde ihr Geschäft verrichten ungeeignete Orte für einen Cache!

Recherchiere gründlich, bevor du dich an das Verstecken eines eigenen Caches machst - schließlich wollen Finder und Owner lange Freude an dem

versteckten Cache haben! Eine Faustformel in Cacherkreisen besagt, dass man sich **nach hundert gefundenen Caches** ganz gut ein Bild von gut und weniger gut gemachten Caches machen kann und erst dann selbst einen eigenen verstecken sollte. Lass dich auch nicht gleich durch die vielen einfachen Petlinge und Filmdosen am Wegesrand verleiten - es wird nicht umsonst von der Micro-Dosen-Schwemme gesprochen! Ein **guter Geocache** sollte einen **schönen** oder **besonderen Ort** zeigen oder eine **besondere Dose** sein, die gut getarnt, handwerklich gearbeitet oder/und tricky zu öffnen ist.

Hier gibt es natürlich einige Regeln, die beachtet werden wollen:

Grundlegende Regeln zum Verstecken

1. Alle örtlichen Gesetze sind einzuhalten - abgesperrte Gebiete sind tabu!
2. Die Erlaubnis des Grundstückeigentümers liegt vor.
3. Caches werden nie vergraben, weder teilweise noch komplett.
4. Das Cacheversteck darf kein öffentliches oder privates Eigentum verunstalten oder zerstören.
5. Tier- und Pflanzenwelt werden durch Geocaching nicht geschädigt.
6. Keine Caches auf Schul- und Militärgeländen.
7. Alle physischen Bestandteile eines Caches, auch Stationen, müssen einen Abstand von mindestens 0,1 Meile, also 161 m, voneinander haben.
8. Caches im Weltall sind erlaubt. Die ISS hat übrigens schon seit dem 14.10.2008 einen Cache, GC1BE91.

Zusätzliche Hinweise

1. Einen geeigneten Ort und Behälter auswählen.
   Der Gassibaum ist eher ein ungeeigneter Ort. Die Dose sollte wasserdicht sein und ungefährlich wirken - eine Dose mit einer blinkenden LED an einer Ampel ist eher ungeschickt platziert …
2. Den Geocache als solchen kennzeichnen.
   Hier ist es neben den üblichen Angaben wie Name, GC-Kürzel und Koordinaten auch hilfreich, den Nick sowie eine **Handy-Nr. und/oder E-Mail-Adresse** aufzuschreiben. So kann jemand, der sich doch durch den Cache gestört fühlt, direkt Kontakt mit dem Owner aufnehmen.

Regeln für das Listing

Technische Anforderungen
- Es muss die exakten Koordinaten enthalten.
- Listings, die irgendwelche zusätzlichen Registrierungen, Downloads oder Installationen erfordern, werden nicht freigeschaltet.

Cache-Wartung
- Der Owner ist für ein aktuelles Listing verantwortlich.
- Er muss ebenso für eine regelmäßige Wartung der physischen Elemente sorgen.

Cache-Inhalt
- Der Cache beinhaltet mindestens einen Logstreifen.
- Der Inhalt ist familienfreundlich.
- Der Inhalt ist outdoor-tauglich.

Werbung und kommerzielle Inhalte
- Caches dürfen keine Werbung enthalten.
- Kommerzielle, religiöse oder karitative Caches sind untersagt.

Der Cache sollte auf Dauer ausgelegt sein

So etwas wie die Christbaumkugel am Tannenbaum auf dem Weihnachtsmarkt geht also nicht!

Die meisten hier aufgeführten Punkte aus dem Regelwerk von *Groundspeak Inc.* entsprechen dem **gesunden Menschenverstand** bzw. sollten **selbstverständlich sein**!

Hilfreiche Infos und die aktuellen Regeln findest du unter:

- www.geocaching.com/about/guidelines.aspx, die Originale von *Groundspeak Inc.*
- www.gc-reviewer.de/guidelines/, eine ausführliche Ausarbeitung mit vielen Hinweisen von den deutschen Reviewern,
- www.geocaching.com/play/hide, die **Cache-/Stash-Note**, die den Zufallsfinder über das Spiel aufklärt, unter Punkt 2 in verschiedenen Sprachen und Größen
- www.garminonline.de/outdoor/geocaching/naturvertraeglich/, hilfreiche Tipps für Wald- und Wiesencaches

… und wenn das Listing im Internet eingegeben wird, sind noch ein paar grundlegende Punkte zu bedenken:

- Der Cache sollte in seinem Versteck sein, wenn das Listing eingereicht wird!
- Eine größere Anzahl von Caches, die zum gleichen Zeitpunkt online gestellt werden sollen, bedarf auf allen Seiten einer gewissen zeitlichen Vorausplanung!
- Wenn im Vorfelde zu erkennen ist, dass Fragen seitens der Reviewer auftauchen könnten, dann gilt es, die Funktion Reviewer-Note zu nutzen und entsprechende Erklärungen mit einzustellen, also den Dialog zu suchen!

Auswahl eines geeigneten Ortes

Hast du dich erst einmal mit dem Regelwerk vertraut gemacht, suche dir einen interessanten oder schönen Ort aus, wo die anderen Geocacher ungestört deinen Cache suchen können.

Achte auf die Gegebenheiten vor Ort! Stelle dir die Location zu den verschiedenen Tages- und Jahreszeiten vor!

Ermitteln der Position

Mit deinem Smartphone oder besser mit einem GPS ermittelst du die exakte Position. Da sich die Konstellation der Satelliten zueinander stetig ändert, empfiehlt es sich, das zukünftige Versteck an mehreren Tagen aufzusuchen und die Koordinaten zu speichern. Aus den so gesammelten Werten errechnest du dann den Mittelwert.

Zusammenstellen des Caches

Hast du einen geeigneten Ort gefunden und die Position ermittelt, dann geht es an das Zusammenstellen des Caches.

Je nach Größe besteht er aus einem wasserdichten Behälter, einem Logbuch, Stift und Goodies. Auf den entsprechenden Seiten der verschiedenen Organisationen kannst du Logbücher oder vielmehr Logzettel downloaden und ausdrucken.

Sollten sie dir nicht gefallen, findest du unter 🖳 www.gclogbuch.de eine Sammlung freier Logbuchvorlagen.

Auch die sogenannte *Stash-* oder *Cache-Note*, die in kurzen Worten das Spiel für den Zufallsfinder beschreibt und in keinem Cache fehlen sollte, findest du dort.

Tarnen des Caches

Je nach örtlichen Gegebenheiten kann etwas Farbe oder das Bekleben mit Kunstmoos ausreichen, um deinen Cache gut in die Landschaft einzupassen.

Geocaching in der Gruppe

Viele Geocacher treffen sich, um in kleinen oder größeren Gruppen zu cachen. Die Cacher deiner Region kannst du auf Geocaching-Events kennenlernen. Eine weitere Möglichkeit bietet GC unter „Community". Im rechten Menü der Seite findest du den Punkt „Find Another Player". Mit diesem Tool

kannst du einen anderen Geocacher finden und kontaktieren, um dich mit ihm zu verabreden.

Das Cachen in einer Gruppe wird im Slang gerne als Rudelcachen bezeichnet. Häufig kommt es im Anschluss an Events vor. Berücksichtige bitte, dass das Mehr an Köpfen nicht immer ein schnelleres Finden und effizienteres Agieren bedeutet - es kommt hier auch oft zu einer „kollektiven Blindheit" ...

In vielen Regionen finden regelmäßige Treffen von Geocachern statt.

Im wöchentlichen Newsletter von GC werden aktuelle Events aufgelistet.

Und noch mehr, seit 2004 gibt es bereits eine Deutsche Meisterschaft im Geocachen. Damals noch „Stattmeisterschaft" tituliert, nennt sie sich seit 2013 „Deutsche GC Meisterschaft".

Natur & Umwelt

Natürlich gelten für uns Geocacher (wie für jeden anderen) im Umgang mit der Natur ein paar Regeln, die es allen Beteiligten einfacher machen. Denn auch wir haben eine Verantwortung für unsere Naturschutzgebiete und die Umwelt, die es wahrzunehmen gilt:

▷ So kann man beim Verstecken von Caches nicht einfach an jedem Baum herumbohren, -nageln oder -sägen. Der Baum ist nicht nur ein Lebewesen, sondern gehört auch jemandem, der gefragt werden möchte und sicher etwas dagegen hat, wenn der Baum unerlaubt mit Nägeln versehen und so für die Holzwirtschaft unbrauchbar gemacht wird!

▷ Ein Müllbeutel sollte beim Geocachen immer dabei sein, damit man seinen auf der Tour produzierten Müll, seien es nun die leeren Batterien, Becher oder sonst etwas, wieder mit nach Hause nehmen kann.

▷ Aus diesem Gedanken heraus hat sich eine breite Community um den sogenannten Taschen-Cito gebildet. Bundesweit versehen fleißige Geocacher Müllbeutel mit entsprechenden Banderolen, um sie auf Events und in Caches als Trade-Item (Tauschgegenstand) zu verteilen.
🖥 www.taschen-cito.de

Auch gibt es Gebiete und Zeiten, in denen besondere Rücksicht zu üben ist:

▷ Naturschutzgebiete: Hier dürfen Caches - wenn überhaupt - nur auf den Wegen gelegt werden, das Studium der geltenden Betretungsordnung ist hier sehr hilfreich!

▷ Gesetzlich geschützte Biotope: Hier gehört keine physische Dose hin, Earth-Caches sind Alternativen.

▷ Baumhöhlen: Auch hier gehört kein Cache hin, da diese Höhlen Lebensräume für seltene und geschützte Tiere wie Specht, Siebenschläfer und Fledermaus sind.

▷ Höhlen, Stollen und unterirdische Räume, die als Winterquartier für Fledermäuse dienen, dürfen vom **1. Oktober bis 31. März** nicht betreten werden. Eine gute Möglichkeit, bei betroffenen Caches schon im Listing auf diese Zeiten hinzuweisen, findest du unter:

🖳 sites.google.com/site/lateamsgcseiten/fledermausschutz oder
🖳 www.geocaching-franken.de/natur-du/deaktivierung-von-geocaches-winterpause-franky-untersttzt-dabei/.

▷ Die Brut- und Aufzuchtphase vom **15. März bis 15. Juli** ist für viele Tiere eine besonders kritische Zeit. Werden sie gestört, kann das den Tod der Jungtiere oder das Auskühlen der Gelege (am Boden brütende Vögel sind hier besonders gefährdet) zur Folge haben. Gerade in dieser Zeit sollten nachts die Wege nicht verlassen und das wilde Umherfunzeln mit Taschenlampen im Unterholz vermieden werden.

Viele Tipps und Infos rund um Feld, Wald und Flur und das richtige Verhalten darin wurden u. a. unter 🖳 www.bisindenwald.de,
🖳 www.geocaching-dialog.de und sogar in Form eines Comics auf
🖳 www.gps.de/geocaching-comic/ zusammengetragen.

Inzwischen haben sich einige Geocaching-Vereine gegründet, die sich u. a. das Thema Umweltschutz auf die Fahnen geschrieben haben. Sie sind neben vielen weiteren Geocachern auf einer Liste mit freiwilligen Ansprechpartnern für das gesamte Bundesgebiet unter
🖳 www.geocaching.de zu finden.

Der GPS-Hersteller *Garmin* und der *Wanderverband* haben 2010 eine Petition zum naturverträglichen Geocachen herausgegeben, in der diese eigentlich selbstverständlichen Punkte aufgeführt sind:
🖳 www.garminonline.de/outdoor/geocaching/naturvertraeglich/

Verschiedene Schutzgebiete können im Vorfelde der Cachejagd z. B. unter 🖳 www.geodienste.bfn.de/schutzgebiete eingesehen werden.

Gefahren

Neben den Gefahren, die dem unsachgemäßen Umgang mit der Ausrüstung entspringen oder durch Selbstüberschätzung ausgelöst werden, gibt es noch ein paar unangenehme Tierchen, auf die du beim Cachen treffen kannst.

Zecken

Bei der Jagd auf Wald- und Wiesencaches wirst du sicher auch Bekanntschaft mit Zecken machen. Zecken gehören zu den Spinnentieren und ernähren sich als Parasiten vom Blut ihrer Wirte. Die häufigste Zecke in Deutschland ist der gemeine Holzbock (*Ixodes ricinus*).

Zecken lieben es feucht und warm. Ab ca. 10°C werden sie aktiv, von März über den Sommer bis in den Herbst hinein sind sie überwiegend in Gräsern, Gestrüpp und im Unterholz anzutreffen. Bereits bei ihrem Biss bzw. Stich sondern sie mit ihrem Speichel ein Betäubungsmittel ab, das die Stelle unempfindlich macht. Daher spüren wir ihren Biss nicht - im Gegensatz zu anderen Insektenstichen. Zudem ist im Speichel eine Art Klebstoff vorhanden, der sie fest mit der Einstichstelle verankert.

Zecken können verschiedene Krankheiten übertragen, daher ist es ratsam, sich gegen Zeckenbisse zu schützen. Zecken bevorzugen besonders warme Stellen mit dünner Haut wie unter den Armen, Kniekehlen, Leisten und Haaransatz. Um diese zu erreichen, wandern sie über den Körper. Trage daher lange, vorzugsweise helle Kleidung, auf der du die Zecken besser sehen und frühzeitig entfernen kannst.

Auch das Auftragen von insektenabweisenden Mitteln kann die Plagegeister eine Weile fernhalten. Nach jedem Aufenthalt in dem entsprechenden Gelände ist eine gründliche Zeckenkontrolle empfohlen!

Entdeckst du festgesaugte Zecken, sollten diese schnellstmöglich mit geeignetem Werkzeug, z. B. Zeckenzangen aus der Apotheke, entfernt werden. Die baldige Entfernung ist wichtig, da so das Risiko einer Borrelioseinfektion verringert werden kann.

> www.zecken.de, www.zeckenwetter.de und
>   www.impfen.de/zecken-fsme/

FSME

Frühsommer-Meningo-Encephalitis, eine Hirnhautentzündung, wird durch ein Virus verursacht. Es wird bereits beim Biss mit dem Speichel der Zecke übertragen. Das Virus kommt in Deutschland nur in bestimmten geografischen Gebieten vor, bei Aufenthalt in FSME-Gebieten empfiehlt sich prophylaktisch eine Schutzimpfung. Informationen zu der Impfung und möglicher Kostenübernahme durch die Krankenkassen erhältst du beim Hausarzt.

Borreliose

Borreliose wird durch Bakterien der Gruppe *Borrelia burgdorferi sensu latu* verursacht. Die Bakterien befinden sich im Darm der Zecke und können erst ca. 24 Std. nach dem Biss auf den Menschen übertragen werden. Wenn du die Zecke also rechtzeitig entfernst, besteht keine große Gefahr, mit Borreliose infiziert zu werden.

🛈 💻 www.borreliose-bund.de

Fuchsbandwurm

Für eine Ansteckung müssen die Eier des Fuchsbandwurmes (*Echinococcus multilocularis*), die vom Fuchs ausgeschieden werden, in den Darm gelangen. Dies passiert durch die Aufnahme von Körperflüssigkeiten oder Kot, die an Waldfrüchten oder auch an Verstecken von Caches haften können.

Der Parasit nistet sich dann in die Leber ein und beginnt sein zerstörerisches Werk. Unbehandelt führt der Fuchsbandwurm zum Tode.

Du solltest daher unbedingt vermeiden, dir mit schmutzigen Händen ins Gesicht zu fassen oder unbehandelte Waldfrüchte zu naschen.

🛈 💻 www.infektionsbiologie.ch/parasitologie/seiten/modellparasiten/mp04echi.html

Hirschlausfliege

Die Hirschlausfliege (*Lipoptena cervi*) sieht aus wie eine Stubenfliege, ist jedoch flacher. Sie ernährt sich von Blut und befällt überwiegend Wild, macht aber vor dem Menschen nicht halt. Besonders in der Zeit von August bis Oktober ist sie in bewaldeten Gebieten anzutreffen. Wenn sie auf ihrem Wirt gelandet ist, wirft sie ihre Flügel ab. Mit ihren Beinen hakt sie sich in den Haaren oder auf der Haut fest und ist nur schwer zu entfernen. Ihr Stich juckt ganz furchtbar. Es wird vermutet, dass sie auch Krankheiten übertragen kann.

🛈 💻 www.gesundheit.com/gc_detail_11_gc21010501.html

GC-Slang

18 Sekunden: auch Normzeit genannt, wird seit Anfang 2007 bei Caches benutzt, die die Loggenden als sehr einfach empfunden haben

Abziehbildchen: meint das 👉 Souvenir

AC (After Caching): das gemütliche Beisammensein nach dem Cachen

Approver (Prüfer): veraltete Bezeichnung ☞ Reviewer

AWP (**A**dditional **W**ay**p**oint): zusätzlicher Wegepunkt, wie Parkmöglichkeiten, WCs oder Stationen von Multis

Beifund/Beifang (Fund, der nicht zum Cache gehört): neben Handys und Geldbörsen wurde auch schon Unterwäsche und vieles mehr beim Cachen entdeckt …

Besserversteckter: Cacher, der Caches „besser" versteckt, als er sie vorgefunden hat

BW (**B**uchstaben**w**ert): die Position des einzelnen Buchstabens im Alphabet, a=1, b=2, … z=26

BWW (**B**uchstaben**w**ort**w**ert): die Summe der Positionen der einzelnen Buchstaben eines Wortes

BYOB (**b**ring **y**our **o**wn **b**attery): bringe eine eigene Batterie, oft ein 9V-Block, mit

BYOP (**b**ring **y**our **o**wn **p**en): bringe einen eigenen Stift mit

CAB (**C**acher**a**uto**b**ahn): meint den Trampelpfad, der durch den Besuch an einem Cache entstanden ist oder das **C**aching**A**bschluss**B**ier = gesellige Ausklingen der Tour

Cachergarn: Geschichten rund ums Geocaching und die Beteiligten

Cartridge (Kassette): so wird die Datei mit den Spielinformationen für ☞ Wherigos genannt

CGA: **C**acher**g**rund**a**usstattung

CITO (**c**ache **i**n **t**rash **o**ut): Cache hinein, Müll hinaus, CITO-Event

COG (**C**acher **o**hne **G**ehirn): ein Cacher, der durch sein unüberlegtes/voreiliges Handeln Stationen von Caches oder den Cache selbst beschädigt oder zerstört

DFDC: **D**anke **f**ür **d**en **C**ache

DFDS: **D**anke **f**ür **d**en **S**chatz

DFDSP: **D**anke **f**ür **d**en **S**tatistik**p**unkt

disablen: Cache als „kurzfristig nicht verfügbar" markieren

discovern: Logtyp für z. B. auf Events gesehene TBs

discovermüde: wer keine TBs im Netz loggen mag

Discoverstress: wenn noch viele TBs geloggt werden müssen

DNF (**d**id **n**ot **f**ound): nicht gefunden

Down trade (Abwärtstausch): Tauschgegenstand im Cache gegen etwas Minderwertiges tauschen, **macht man nicht!**

Drive-In: schneller Cache, der u. U. aus dem Auto geloggt werden kann

Drop: Ablegen eines TBs, einer Coin oder eines Jeeps in einem Cache

EC: **E**arth**c**ache

ECGA: **e**rweiterte **C**acher**g**rund**a**usstattung

EFU: **E**rstfinder-**U**rkunde

enablen: Cache als „wieder verfügbar" markieren

FCOTW (**f**amous **c**acher **o**f **t**he **w**orld): weltberühmter Cacher

Faunz: ein anderer Ausdruck für gefundenen Cache - es handelt sich hier um einen Vorschlag einer Cachergruppe, das grammatikalisch falsche „**Founds**" zu ersetzen

Final (Finale, Ende): die letzte, finale Station eines Multi-Caches

Finds: Anzahl der gefundenen Caches

Fix: das GPS empfängt genügend Satelliten und hat mit diesen die Position ermittelt

Fremdcachen: wenn mit anderen Cachern außerhalb der „normalen" Gruppe gecacht wird

FTA (**f**irst **t**o **a**nswer): als Erster geantwortet (oft auf eine Umfrage im grünen Forum)

FTD (**f**irst **t**o **d**iscover): als Erster gesehen/geloggt bei TBs und Geocoins

FTDNF (**f**irst **t**o **d**id **n**ot **f**ind): Erster, der eine Nicht-Fund geloggt hat ☞ DNF

FTF (**f**irst **t**o **f**ind / **f**irst **t**ime **f**ound): Erstfinder/Erstfund

FTFC (**F**irst **t**o **f**ind **c**ertificate): Erstfinderurkunde

FTI (**f**irst **t**o **i**gnor): als Erster ignoriert - will sagen, dass man den Cache schlecht findet

FTL (**f**irst **t**o **l**og): als Erster geloggt

GC: **G**eocaching.com

gemuggelt: entwendet, gestohlen, verschwunden

Geomuggle: Nicht-Geocacher

Geodepression: tritt auf, wenn nicht gecacht werden kann oder Caches archiviert werden

Geogroupie: Fan, Groupie

Geoeating: der kulinarische Hochgenuss während einer Geocaching-Tour

Geomüll: Reste von nicht mehr vorhandenen Caches, wie Dosen, Aufkleber, Reflektoren etc, die nicht wieder abgebaut/eingesammelt wurden

Geoquarken: für etwas Geocaching-spezifisches „Werbung" machen

Genusscacher: Cacher, der noch andere Hobbys außer Geocachen hat

GGGGG: **g**ekommen, **g**esucht, **g**efunden, **g**eloggt und **g**egangen

GMV-Tool (GesunderMenschenVerstand): bedarf wohl keiner Erklärung

Goal (Ziel, Auftrag): bei Travel Bugs und Geocoins

Goodies: Tauschgegenstände

GPO (Geocache Post Office): Geocache-Postamt, hier können Gegenstände hingebracht werden, die eine richtige Adresse als Ziel haben

GPSr: GPS-Empfänger

GZ: Ground Zero, Zielgebiet

HCC: Hardcore-Cacher/-Caching

HCV: Hardcore Version

Hint: Hinweis

hitchhiker: Anhalter, Travel Bug

HZ: Homezone, der Bereich ums eigene Heim, die Größe ist von Cacher zu Cacher unterschiedlich

ilsen: das „kleine Geschäft", angeregt durch das viele Grün beim Cachen in Wald und Wiese

ION (in/out nothing): nichts getauscht

JAFT (just another f...tree): ein weiterer Baumklettercache ohne Besonderheiten (auch vertikale Leitplanke), meist nur mit Kletterausrüstung erreichbar

KOs: Koordinaten

LBM (log by mobile): mit Handy mobil vor Ort geloggt

logmüde: wer keine Logs im Netz schreiben mag

Logstress: wenn noch viele Caches online (nach)geloggt werden müssen

LP&LPC: gewöhnlich ist ein Lost Place Cache gemeint, in einigen Regionen steht das Kürzel auch für Leitplankencache, im englischsprachigen Raum auch für Caches in Laternenpfosten

LTF (last to find): als Letzter gefunden

LTL (last to leave): Letzter, der einen Event verlassen hat

MC: Mystery-Cache

MDE: mir doch egal

MFZ: **m**uggel**f**reie **Z**one

MM: **M**ystery-**M**uffel, Cacher, der keine Rätsel mag

MO&MOC (**M**embers **o**nly **C**ache): Cache, der nur von Premium-Mitgliedern gesucht werden kann

MoCache (**Mo**torradcache): Cache, der von/für Biker gelegt wurde

Muggle: Nicht-Geocacher

Multi (**Multi**-Cache): Cache, der aus mehreren Stationen besteht

NA (**n**eeds **a**rchived): sollte archiviert werden

NC (**N**ight**c**ache): Nachtcache

NC: **n**avicache.**c**om

Newbie: Neuling, Anfänger

NM (**n**eeds **m**aintenance): benötigt Wartung

Normzeit: ☞ 18 Sekunden

NRNR: **n**ichts **r**ein, **n**ichts **r**aus

NT (**n**o **t**rade): kein Tausch

OC: **O**pen**c**aching.de

off: ungenaue Koordinaten bzw. Position

Owner (Eigentümer): derjenige, der den Cache versteckt hat

OX: **O**pencaching.com, Plattform von 2010 bis 2015

P&G (**p**ark and **g**rab): parken und finden

PAF (**p**hone **a** **f**riend): einen Freund (☞ **TJ**) anrufen

PITMON (**P**oint **i**n the **m**iddle **o**f **n**owhere): Punkt (hier Cache) mitten im Nirgendwo

Plus eins: außer den Statistikpunkt hat der Loggende zu dem Cache nicht mehr zu schreiben (wird negativ gesehen)

PMO (**P**remium **M**ember **O**nly): nur für die ☞ Premium Member (bezahlenden) Cacher

POI (**p**oint **o**f **i**nterest): besonderer Punkt, dies können Sehenswürdigkeiten, Kirchen, etc. sein

Powertrail: eine Cacheserie, bei der es um das Finden von möglichst vielen Caches in möglichst kurzer Zeit geht

PQ (**P**ocket **Q**uery): GPX-Datei, die von Premium-Mitgliedern nach bestimmten Kriterien generiert werden kann

PSA: **p**ersönliche **S**chutz**a**usrüstung, Kletterausrüstung bei Klettercaches etc.

Publisher (Herausgeber): meint denjenigen, der Caches im Internet freischaltet (☞ Reviewer)

QS (**Q**uer**s**umme): nicht immer ist klar, ob die Zahlen nur einmal oder bis auf eine einstellige Zahl zusammengezählt werden müssen!

QTA (**Q**uestion **t**o **a**nswer): Frage zu beantworten, bei einer Station eines Multi-Caches eine Art des ☞ AWP

Rating (Bewertung): Einstufung in die ☞ Schwierigkeitsgrade

Reviewer (Prüfer): kontrolliert die Angaben zu einem Cache, bevor er im Internet veröffentlicht wird

Rudelcachen (Cachen in einer Gruppe): meist bei oder nach Events

Sachensuchgerät: GPS

SBA (**s**hould **b**e **a**rchived): sollte archiviert werden, gebräuchlicher ist ☞ NA

SC: Statistikcacher

Seniorcacher: Geocacher, der die konspirativen Zeiten des Geocaching miterlebt hat

Signature Item: ein persönliches Markenzeichen, wie ein eigener Aufkleber, Coin, etc.

Sissicacher: Geocacher, der sich nicht schmutzig machen will und oder an allem zu nörgeln hat

SOAM (**S**tage **o**f **a** **m**ulticache): Station eines Multi-Caches, eine Art des ☞ AWP

Spoiler: Spielverderber, Hinweis

STA (**s**econd **t**o **a**nswer): als Zweiter geantwortet (oft auf eine Umfrage im *grünen Forum*)

Stage (Etappe): Station eines Multi-Caches

Stashnote: Hinweistext für Zufallsfinder, der in keinem Cache fehlen sollte

STF (**s**econd **t**o **f**ind/**s**econd **t**ime **f**ound): Zweitfinder/Zweitfund

SWAG (**s**tuff **w**e **a**ll **g**et): Sachen, die wir alle bekommen - bezeichnet Tand und Ramsch

T4$&T4T$ (**t**hanks **f**or the **c**ache): danke für den Cache

T5 (Terrain 5): höchste Geländewertung

TB: Travel Bug

Tagcacher: Cacher, der Nachtcaches am Tage sucht

Telefonjoker (fernmündlicher Hinweis): wenn es an einer Station oder einem Cache kein Weiterkommen mehr gibt, ist er oft der letzte Ausweg

TFC (thanks for cache): danke für den Cache
TFH (thanks for hunting): danke fürs Jagen
TFTC (thanks for the cache): danke für den Cache
TFTE (thanks for the event): danke für den Event
TFTH (thanks for the hunt): danke für die Jagd
THX (thanks): danke
THX4$ (thanks for the cache): danke für den Cache
TJ: ☞ Telefonjoker
TNLN (took nothing, left nothing): nichts getauscht
TNLNJSL (took nothing, left nothing just signed logbook): nichts getauscht, nur geloggt
TNLNSL (took nothing, left nothing, signed logbook): nichts getauscht, nur geloggt
TNSL (took nothing, signed logbook): nichts genommen, nur geloggt
TOU (terms of use): Nutzungsbedingungen
TPTB (the powers that be): im englischsprachigen Groundspeak-Forum gebräuchliche Abkürzung für die „hohen Mächte", die hinter geocaching.com stehen, also *Jeremy Irish* und seine Mitarbeiter
Trackables: Gegenstände wie ☞ TBs oder Coins, deren Weg im Internet nachvollzogen werden kann
Trade Item: Gegenstand, der getauscht werden kann
Trittbrettcacher: Nutznießer der Vorarbeit anderer Cacher
TSC: Tütensiff-Cache
TTA (third to answer): Dritter geantwortet (oft auf eine Umfrage im *grünen Forum*)
TTF (third to find / third time found): Drittfinder/Drittfund
UBC (unterm Baum Cache): lieblos gelegter Cache im Wurzelwerk eines Baumes
UPR (unnatural pile of rocks): unnatürlicher Steinhaufen, an dem das Versteck zu erkennen ist
UPS (unnatural pile of sticks/unusual positioned stones): unnatürlicher Stockhaufen/unnatürlich hingelegter Stein, an dem das Versteck zu erkennen ist
Up trade (Aufwärts-Tausch): Tauschgegenstand im Cache gegen etwas Hochwertigeres tauschen
Urban Caching: Geocachen im städtischen/bewohnten Bereich

UVV (**U**nfall**v**erhütungs**v**orschriften): meist bei körperlich etwas anspruchsvolleren Caches im Listing zu finden
verbrennen: einen Cache so ungeschickt im Beisein fremder Menschen bergen, dass diese auf das Versteck aufmerksam werden und den Cache vernichten
WDKB: **W**issen, **d**as **k**einer **b**raucht (bei Mystery-Caches), was man zum Lösen benötigt und dann wieder vergessen kann
WIC (**w**orld **i**nfamous **c**acher): weltberüchtigter Cacher
WP (**w**ay**p**oint) bzw. **WPT**: Wegepunkt
XNSL (e**x**changed **n**othing **s**igned **l**og): nichts getauscht, nur geloggt
YAFT (**y**et **a**nother **f**...**t**ree): meint einen Baumcache wie bei ☞ JAFT
ZS: **Z**wischenstation
Zugriff: wenn ein Hinweis oder Cache gefunden wurde

Anzeige

Ver-/Entschlüsselungen

ROT-13

Das Alphabet wird um 13 Buchstaben verschoben (es ROTiert), so wird aus dem A ein N, aus dem N ein A usw. Die durchs Geocaching wohl am bekanntesten gewordene Caesar-Verschlüsselung (☞ Innenumschlag)

A	B	C	D	E	F	G	H	I	J	K	L	M
N	O	P	Q	R	S	T	U	V	W	X	Y	Z

Das Morsealphabet

Auch das gute alte Morsealphabet erfreut sich zunehmender Beliebtheit:

A	._	N	_.
B	_...	O	___
C	_._.	P	.__.
D	_..	Q	__._
E	.	R	._.
F	.._.	S	...
G	__.	T	_
H	....	U	.._
I	..	V	..._
J	.___	W	.__
K	_._	X	_.._
L	._..	Y	_.__
M	__	Z	__..

0	_____	5	.....
1	.____	6	_....
2	..___	7	__...
3	...__	8	___..
4	...._	9	____.

Blindenschrift

Die Blindenschrift (auch *Braille*) wurde 1825 von Louis *Braille* entwickelt. Sie wird in sechs Punkten auf einem Raster aus zwei Punkten in der Breite und drei in der Höhe dargestellt.

Die Punkte werden wie folgt nummeriert:

obere Zeile mit	1 und 4
mittlere Zeile mit	2 und 5
untere Zeile mit	3 und 6

Die Ziffern werden mit den Zeichen der Buchstaben A bis J dargestellt. Daher wird den Zahlen zur besseren Unterscheidung das Zahlenzeichen (welches aus den Punkten 3, 4, 5 und 6 besteht) vorangestellt. Allerdings ist manchmal auch innerhalb der Ziffer der Punkt 6 angegeben. Hier ist ein wachsames Auge gefragt!

Handy

Wunderbar kannst du auch mit dem Handy verschlüsseln, schließlich ist ja fast jede Taste mit mehreren Buchstaben belegt.

Eine Koordinate zu entschlüsseln ist dann schon unangenehmer, da zu den verschiedenen Buchstaben, die immer wieder die gleiche Ziffer bezeichnen können, noch die Ziffern 0 und 1 kommen. So kann eine alphanumerische Verschlüsselung entstehen, die auf den ersten Blick sehr kompliziert ausschaut.

```
A, B, C   = 2
D, E, F   = 3
G, H, I   = 4
J, K, L   = 5
M, N, O   = 6
P, Q, R, S = 7
T, U, V   = 8
W, X, Y, Z = 9
```

Symbole der PC-Tastatur

Ebenfalls gerne genommen die Symbole über den Zahlen der Tastatur.

```
!  = 1
"  = 2
§  = 3
$  = 4
%  = 5
&  = 6
/  = 7
(  = 8
)  = 9
=  = 0
```

Telegrafenalphabet

Lange hatten sich die Menschen schon mit Rauch- und Feuerzeichen verständigt.

Während der französischen Revolution gelang es erstmals dem Techniker *Claude Chappe* eine praktikable Vorrichtung für optische Telegrafie zu entwickeln, mit der ganze Wörter und Sätze übertragen werden konnten.

Auch die Preußen setzten eine Zeit lang die optische Telegrafie ein, natürlich mit einem eigenen Alphabet.

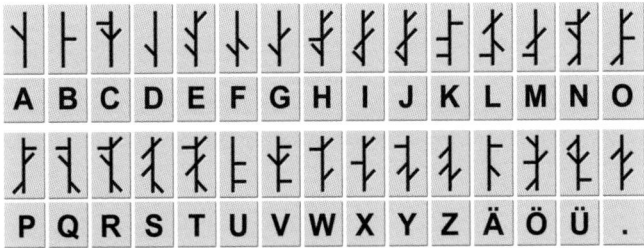

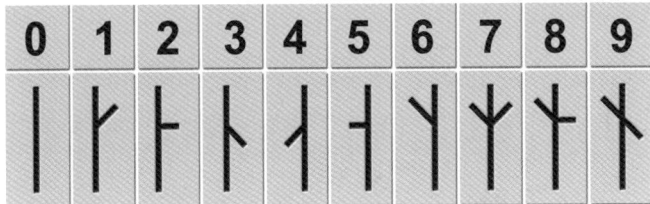

Weitere Verschlüsselungen mit dem Alphabet
Noch einige häufig verwendete Codierungen, mit denen z.B. Farben von Objekten in Zahlen umgewandelt werden können. Manchem Geocacher noch aus den YPS-Agenten-Zeiten bekannt, oder als Caesar-Verschlüsselung (erste Zeile und der untere Teil), wo das Alphabet um x Buchstaben verschoben wird.

☞ Tabelle im vorderen Innenumschlag

Römische Zahlen

Römische Zahlen werden gern als Verschlüsselung benutzt. Folgende Ziffern finden Verwendung:

I	V	X	L	C	D	M
1	5	10	50	100	500	1.000

Hierbei handelt es sich um ein sogenanntes Additionssystem, bei dem alle Ziffern von links nach rechts in absteigender Folge zusammengezählt werden.

Die klassische Anwendung der Ziffern, wie auch die Römer sie verwandt haben, erlaubt bis zu vier gleiche Ziffern nacheinander. Heute noch auf mancher Uhr zu bewundern, wo die vier als IIII dargestellt wird.

Seit dem Mittelalter ist die Subtraktions-Methode die gebräuchlichste, welche auch in unseren Schulen gelehrt wird. Hier dürfen maximal drei gleiche Ziffern nebeneinander benutzt werden. Eine kleine Ziffer vor einer größeren wird subtrahiert, als Beispiel wieder die vier, nun als IV dargestellt.

Grafik zu „Zahlen der Maya"

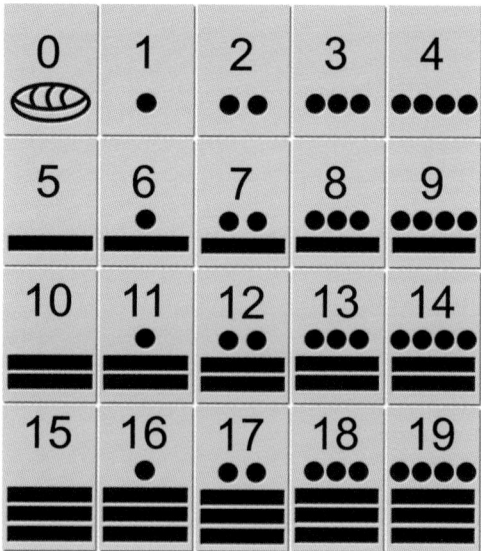

Zahlen der Maya

Eine weitere Variante ist die Darstellung der Zahlen im Zwanziger-System der Maya. Entstanden ist es durch die Zuhilfenahme von Fingern und Zehen, wobei ein Punkt (Finger/Zehe) jeweils eins bedeutet und wenn fünf (eine Hand/Fuß) erreicht sind, diese fünf mit einem Strich symbolisiert/gerechnet werden.

Digitale Uhr

Mit den Siebensegment-Anzeigen, wie sie auf Digitaluhren oft genutzt werden, können ebenfalls Zahlen dargestellt werden. Natürlich nicht nur so wie wir sie sowieso immer lesen können, sondern invers, es werden also die Elemente dargestellt, die üblicherweise nicht beleuchtet sind.

Oder in Buchstaben, denn jedem Element ist ein Buchstabe zugeordnet, so kann z. B. die sieben als a b c dargestellt werden.

Ohne Buchstaben geht das auch anhand der Richtung (oben, unten, rechts und links oder den Himmelsrichtungen Norden, Osten, Süden und Westen), einfach Schreibmaterial nehmen und zeichnen r u u, wie rechts, unten, unten und schon wieder die Sieben.

… und es gibt nicht nur die Siebensegmentanzeige … auch die Vierzehn und Sechzehnsegmentanzeige!

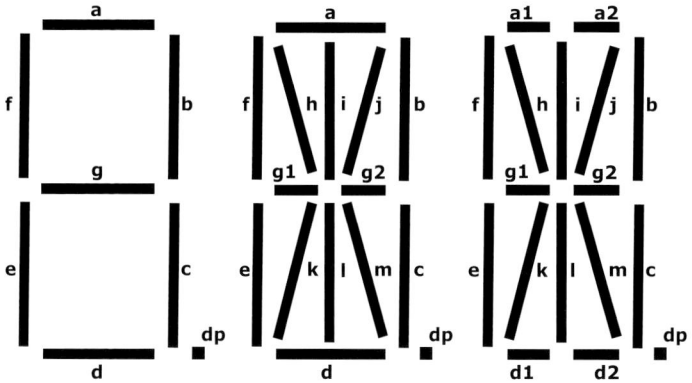

Analoge Uhr

Mit den Zeigern, auch nur mit dem Stundenzeiger, einer analogen Uhr lassen sich gut die Ziffern 1-12 darstellen. Dies kann in Form einer „normalen" Uhr, aber auch nur in Form von Pfeilen/Zeigern oder Strichen vorkommen. Beide Zeiger werden auch gerne mal anstelle der Figuren des Winkelalphabetes benutzt.

Fox-Code

Das Alphabet in einem 3x9 Raster aufgeteilt. Zurückzuführen ins graue Mittelalter. Fox deshalb, weil die Buchstaben in der Spalte 6 stehen und so die Zahl des Antichristen 666 bilden.

Im ursprünglichen Gebrauch wird nicht die Zeile mit zur Ver-/Entschlüsselung heran gezogen, sodass bei Nutzung der Spalten ein größerer Interpretationsspielraum gegeben ist. So ergibt „Cache" dann „3 1 3 8 5". Zieht man jedoch die Zeile hinzu, schreibt sich „Cache" dann „13 11 13 18 15".

	1	2	3	4	5	6	7	8	9
1	A	B	C	D	E	F	G	H	I
2	J	K	L	M	N	O	P	Q	R
3	S	T	U	V	W	X	Y	Z	

Polybius-Code

Ist zurückzuführen auf den griechischen Gelehrten Polybius (ca. 200-120 v.Chr.), der diese Art der Verschlüsselung erstmals beschrieben hat.

Das Alphabet aufgeteilt in ein 5x5 Raster exklusive J, da es im Deutschen selten verwendet wird. Kommt es doch einmal vor, wird es durch das I ersetzt. Dieses 5x5 Raster kann natürlich auch mit dem Alphabet rückwärts oder zusätzlich mit einem beliebigen Codewort gefüllt werden. Zu berücksichtigen ist lediglich, dass jeder Buchstabe nur einmal im Raster vorkommen darf, um falsche Interpretationen zu vermeiden.

Verschlüsselt nach Zeile und Spalte, „Cache" schreibt sich in dieser einfachen Variante dann „13 11 13 23 15".

	1	2	3	4	5
1	A	B	C	D	E
2	F	G	H	I	K
3	L	M	N	O	P
4	Q	R	S	T	U
5	V	W	X	Y	Z

Winkeralphabet

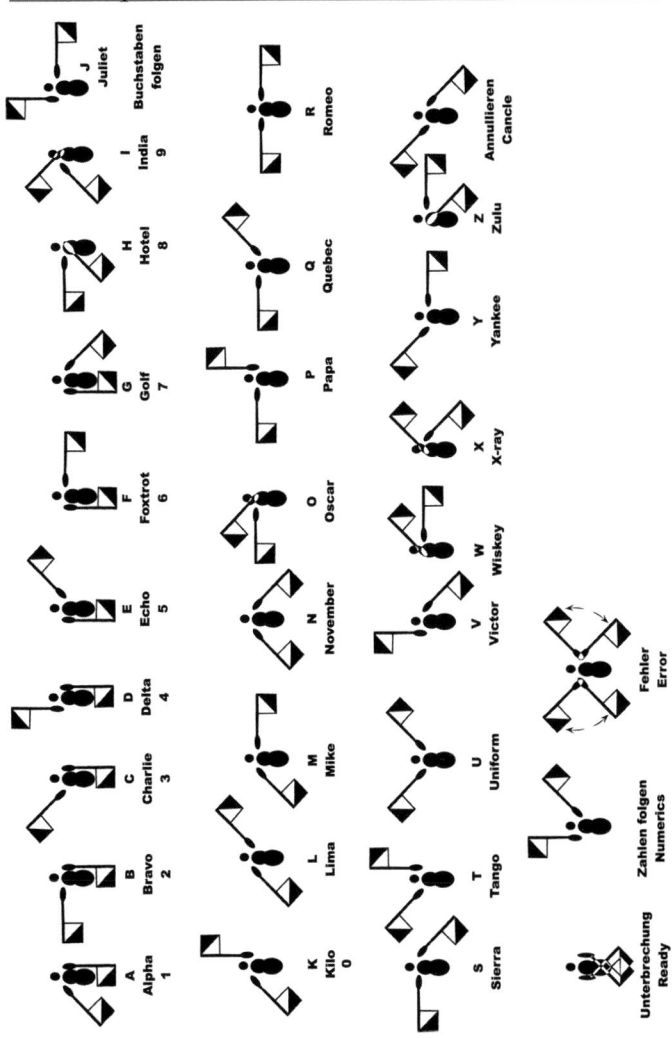

Freimaurer Variante 1

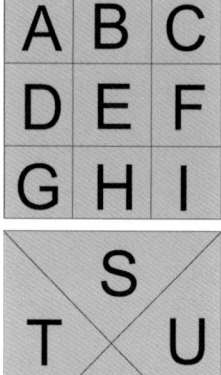

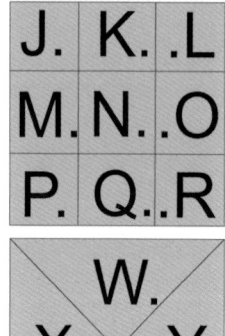

Freimaurer Variante 2

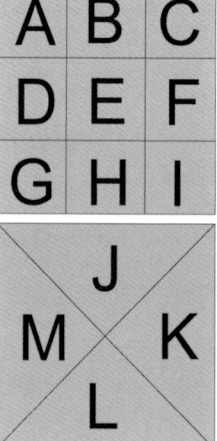

Fingeralphabet

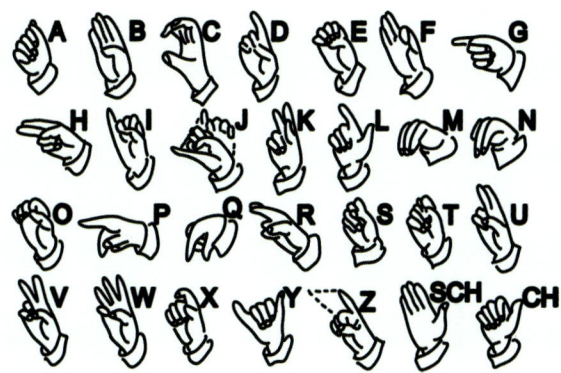

Flaggencode

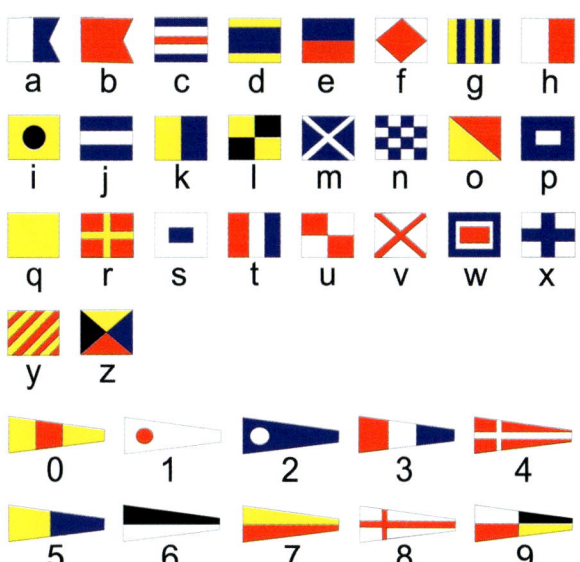

Runen

Mit den Runen finden Sie eine weitere oft verwendete Verschlüsselung. Hier ist das Futhark (der Name setzt sich aus den sechs ersten Buchstaben zusammen) dargestellt. Dies sind die ältesten bekannten Runen und können somit als Basis bezeichnet werden.

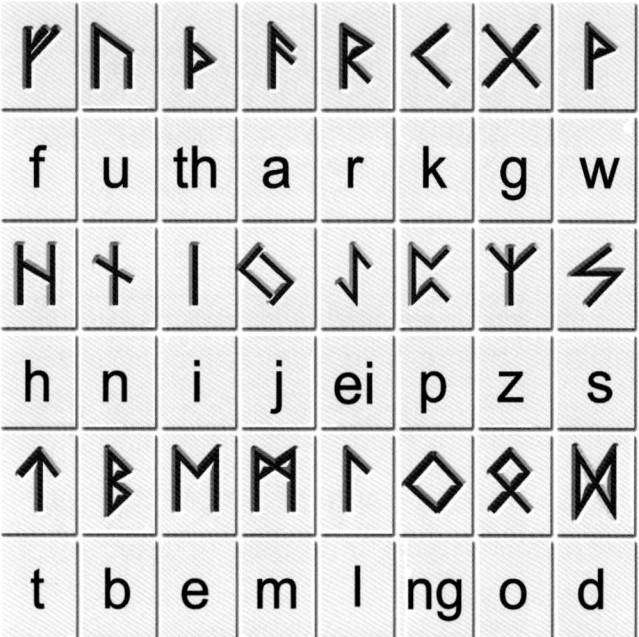

Stammtöne und Notennamen

In der Musik gibt es 7 sog. Stammtöne (dem Laien als Noten bekannt) die mit Buchstaben benamt wurden: **C, D, E, F, G, A** und **H** diese lassen sich natürlich mittels Position im Alphabet (☞ Slang, Buchstabenwert) in Zahlen umwandeln - also aufgepasst bei Melodien und Notenfolgen!

Reißzwecken

Sie werden bevorzugt in Wandergebieten eingesetzt. Angebracht an einer Infotafel oder hölzernen Schildern fallen sie niemandem auf.

Die Hinweise können dann einfach über die Anzahl oder Farbe ermittelt werden, (was grundsätzlich mit jedem Gegenstand möglich ist) z.B. steht rot für Süden und grün für Norden. Wenn du also auf eine rote Reißzwecke triffst, weißt du, dass nun der Weg nach Süden richtig ist. Die Informationen über die Bedeutung von Anzahl oder Farben sind aus dem Listing oder Hinweisen der vorherigen Stationen ersichtlich.

ASCII-Codes

Eine weitere beliebte Methode der Verschlüsselung ist der American Standards Code for Information Interchange, kurz ASCII. Allerdings ist hier eine gewisse Vorsicht angeraten. Lediglich bei den Zeichen 32 bis 127, die in der ersten Tabelle dargestellt sind, ist sich die Welt einig! Bei den in der zweiten Tabelle aufgeführten Zeichen und Symbolen handelt es sich um eine der „gebräuchlicheren" Varianten. Viele PDAs, Smartphones, und Betriebssysteme stellen diese Zeichen anders dar ...

☞ folgende Seiten

dez	hex	symbol	dez	hex	symbol	dez	hex	symbol
32	20	Leerzeichen	64	40	@	96	60	`
33	21	!	65	41	A	97	61	a
34	22	"	66	42	B	98	62	b
35	23	#	67	43	C	99	63	c
36	24	$	68	44	D	100	64	d
37	25	%	69	45	E	101	65	e
38	26	&	70	46	F	102	66	f
39	27	'	71	47	G	103	67	g
40	28	(	72	48	H	104	68	h
41	29	)	73	49	I	105	69	i
42	2A	*	74	4A	J	106	6A	j
43	2B	+	75	4B	K	107	6B	k
44	2C	,	76	4C	L	108	6C	l
45	2D	-	77	4D	M	109	6D	m
46	2E	.	78	4E	N	110	6E	n
47	2F	/	79	4F	O	111	6F	o
48	30	0	80	50	P	112	70	p
49	31	1	81	51	Q	113	71	q
50	32	2	82	52	R	114	72	r
51	33	3	83	53	S	115	73	s
52	34	4	84	54	T	116	74	t
53	35	5	85	55	U	117	75	u
54	36	6	86	56	V	118	76	v
55	37	7	87	57	W	119	77	w
56	38	8	88	58	X	120	78	x
57	39	9	89	59	Y	121	79	y
58	3A	:	90	5A	Z	122	7A	z
59	3B	;	91	5B	[	123	7B	{
60	3C	<	92	5C	\	124	7C	|
61	3D	=	93	5D	]	125	7D	}
62	3E	>	94	5E	^	126	7E	~
63	3F	?	95	5F	_	127	7F	Löschen

dez	hex	symbol	dez	hex	symbol	dez	hex	symbol	dez	hex	symbol
128	80	Ç	160	A0	á	192	C0	└	224	E0	a
129	81	ü	161	A1	í	193	C1	┴	225	E1	ß
130	82	é	162	A2	ó	194	C2	┬	226	E2	G
131	83	â	163	A3	ú	195	C3	├	227	E3	p
132	84	ä	164	A4	ñ	196	C4	─	228	E4	S
133	85	à	165	A5	Ñ	197	C5	┼	229	E5	s
134	86	å	166	A6	ª	198	C6	╞	230	E6	µ
135	87	ç	167	A7	º	199	C7	╟	231	E7	t
136	88	ê	168	A8	¿	200	C8	╚	232	E8	F
137	89	ë	169	A9	⌐	201	C9	╔	233	E9	T
138	8A	è	170	AA	¬	202	CA	╩	234	EA	O
139	8B	ï	171	AB	½	203	CB	╦	235	EB	d
140	8C	î	172	AC	¼	204	CC	╠	236	EC	∞
141	8D	ì	173	AD	¡	205	CD	═	237	ED	f
142	8E	Ä	174	AE	«	206	CE	╬	238	EE	e
143	8F	Å	175	AF	»	207	CF	╧	239	EF	n
144	90	É	176	B0	░	208	D0	╨	240	F0	≡
145	91	æ	177	B1	▒	209	D1	╤	241	F1	±
146	92	Æ	178	B2	▓	210	D2	╥	242	F2	≥
147	93	ô	179	B3	│	211	D3	╙	243	F3	≤
148	94	ö	180	B4	┤	212	D4	Ô	244	F4	⌠
149	95	ò	181	B5	╡	213	D5	F	245	F5	⌡
150	96	û	182	B6	╢	214	D6	┌	246	F6	÷
151	97	ù	183	B7	╖	215	D7	╫	247	F7	≈
152	98	ÿ	184	B8	╕	216	D8	╪	248	F8	≈
153	99	Ö	185	B9	╣	217	D9	┘	249	F9	·
154	9A	Ü	186	BA	║	218	DA	┌	250	FA	·
155	9B	¢	187	BB	╗	219	DB	█	251	FB	√
156	9C	£	188	BC	╝	220	DC	▄	252	FC	n
157	9D	¥	189	BD	╜	221	DD	▌	253	FD	²
158	9E	P	190	BE	╛	222	DE	▐	254	FE	■
159	9F	ƒ	191	BF	┐	223	DF	▀	255	FF	

Farbkennung von Widerständen

Die Kennungen von Widerständen eignen sich ebenfalls für verschiedenste Verschlüsselungen. Die ersten beiden Farbringe ergeben entsprechende Zahlenwerte, der dritte ist der Multiplikator, gibt also „die Anzahl der Nullen" an. Der vierte Ring (ist räumlich etwas von den anderen abgesetzt) in silber oder gold gibt die Toleranz an. An ihm erkennen Sie auch, ob sie den Widerstand richtig herum lesen (von links nach rechts).

Bei Widerständen mit fünf oder sechs Ringen geben die ersten drei Ringe die Zahlenwerte an. Der fünfte Ring für die Toleranz und der sechste für den Temperaturkoeffizienten können andere Farben wie gold und silber haben - werden aber beim Geocachen selten verbaut.

Etwas einfach kannst du dir das ganze durch die Mitnahme eines einfachen Multimeters gestalten.

Farbe	Abkürzung	Ziffer	Multiplikator
schwarz	BK	0	1
braun	BN	1	10
rot	RD	2	100
orange	OG	3	1.000
gelb	YE	4	10.000
grün	GN	5	100.000
blau	BU	6	1.000.000
violett	VT	7	10.000.000
grau	GY	8	100.000.000
weiß	WH	9	1.000.000.000
silber	SR		0,01
gold	GD		0,1

Quick-Links

Plattformen und deren Service

- www.geocaching.com, blog.geocaching.com, wiki.groundspeak.com, support.groundspeak.com, labs.geocaching.com, status.geocaching.com
- www.geocaching.de
- www.navicache.com

- www.opencaching.de, blog.opencaching.de, forum.opencaching.de, wiki.opencaching.de
- www.groundspeak.com wo zusätzlich die Services
- www.waymarking.com, www.cacheintrashout.org und
- www.wherigo.com angeboten werden

Blogs, Foren, Podcasts und weiterführende Infos zum Geocaching

- www.brillig.com/geocaching; Karten mit den Caches von navicache
- www.cachewiki.de; Geocacher-Slang und vieles mehr
- www.dosenfischer.de; **die Band** der deutschen Geocaching-Szene
- www.gc-reviewer.de; die Seite der deutschen Reviewer mit den aktuellen Guidelines von GC
- www.geocaching.com/forums bzw. forums.groundspeak.com/gc/; die Foren von *Groundspeak Inc.*
- www.geoclub.de; das Grüne Forum
- www.geocaching-magazin.com; die deutschsprachige Zeitschrift für Cacher
- www.gocacher.de; viele aktuelle Infos rund ums Cachen nebst kostenlosem Print-Magazin
- www.mixitv.de; hilfreiche Videos
- www.peiner-uhlenteam.com; empfehlenswert: der Cacherknigge für den Umgang mit- und untereinander
- www.reviewer.at; die Seite der österreichischen Reviewer
- www.stash-lab.de; viele interessante Infos aus dem Prüflabor
- www.swissgeocache.ch; das schweizerische Forum mit vielen Infos

In der Welt der Geocacher wird wird neben dem Austausch in diversen Gruppen in den sozialen Medien wie Facebook auch unheimlich viel gebloggt und gepodcastet. Hier herrscht allerdings ein ständiges Kommen und Gehen – einen aktuellen Überblick der aktiven Blogs gibt es bei:

- www.blogsalongtheroute.de
- www.dosenblogs.de
- www.gcblogs.de
- forum.geoclub.de/viewtopic.php?f=104&t=58783